Herstellung und Instandhaltung elektrischer Licht- und Kraftanlagen

Herstellung und Instandhaltung
Elektrischer Licht- und Kraftanlagen.

Ein Leitfaden auch für Nicht-Techniker

unter Mitwirkung von

Gottlob Lux und **Dr. C. Michalke**

verfaßt und herausgegeben

von

S. Frhr. v. Gaisberg.

Sechste, umgearbeitete und erweiterte Auflage.

Mit 55 Textfiguren.

Springer-Verlag Berlin Heidelberg GmbH

1913.

ISBN 978-3-662-23518-8 ISBN 978-3-662-25590-2 (eBook)
DOI 10.1007/978-3-662-25590-2

Aus dem Vorwort zur ersten Auflage.

Das vorliegende kleine Buch enthält eine für Nichtelektrotechniker und insbesondere für Laien bestimmte Beschreibung der wesentlichen Teile elektrischer Licht- und Kraftanlagen und eine sich daran anschließende Erörterung der Grundsätze für die Herstellung und Instandhaltung solcher Anlagen. Die gegebenen Regeln beschränken sich auf kleinere Anlagen, wobei namentlich auch die an die Kabelnetze von Elektrizitätswerken angeschlossenen Einrichtungen berücksichtigt sind. Auf ausgedehntere Betriebe einzugehen, würde das Buch unnötig vergrößern, weil es nicht möglich ist, die für die Herstellung und den Betrieb umfangreicher Anlagen notwendigen praktischen Erfahrungen dem Laien zugänglich zu machen. In letzterer Hinsicht kann nur auf sachverständigen Rat verwiesen werden. Überhaupt ist dringend zu empfehlen, in allen zweifelhaften Fällen sachverständige Hilfe hinzuzuziehen, da bei der Beschaffung und Instandhaltung elektrischer Anlagen begangene Fehler und Vernachlässigungen sich oft schwer rächen, sowohl durch Erhöhung der Betriebskosten als namentlich durch die mangelhaften Anlagen anhaftende, von Laien meist unterschätzte Feuersgefahr.

Der Inhalt dieses Buches schließt sich dem Taschenbuch für Monteure elektrischer Beleuchtungsanlagen[1]) an,

---

1) Verlag von R. Oldenbourg, München.

indem aus demselben einzelne Abhandlungen auszugsweise wiedergegeben oder in einer für den Laien erforderlichen Weise erweitert worden sind. Im Gegensatz zu genanntem Taschenbuch sind Anleitungen für die Montage im allgemeinen vermieden. Ausnahmen hiervon sind nur gemacht, soweit damit eine Anleitung zur Beseitigung kleiner Störungen bezweckt ist.

Hamburg, 11. Dezember 1900.

Vorwort zur sechsten Auflage.

Die zunehmende Ausdehnung der Stromversorgungsnetze macht Fragen nach den Einrichtungs- und Betriebskosten elektrischer Anlagen immer häufiger. Daher wurden, anknüpfend an kurzen Nachweis der vielseitigen Verwendbarkeit des elektrischen Stromes, tabellarische Zusammenstellungen über die stündlichen Kosten beim Betriebe von Lampen, Motoren und verschiedenen mit Strom versorgten Hausgeräten gebracht. Die Tabellenwerte umfassen den Stromverbrauch, den Ersatz von Glühlampen und Kohlestiften, den Ölverbrauch für Motoren und die Bedienung, soweit solche in Frage kommt. Ausschlaggebend für die Höhe der Kosten sind die meistens durch Elektrizitätswerks-Tarife festgelegten Strompreise; durch die übrigen mit der Marktlage schwankenden Ausgaben für Lampenersatz u. dgl. wird die Endsumme wenig beeinflußt. Demzufolge sind die nach Stromeinheitspreisen geordneten Tabellenwerte als ziemlich genauer Anhalt für Betriebskosten - Schätzungen anzusehen, wie sie der Einrichtung elektrischer Anlagen vorauszugehen pflegen. Die ferner angegebenen Beschaffungskosten für die Einrichtungen, für das Herstellen der Leitungsanlagen, den Ankauf von Lampen, Motoren usw. können dagegen nur als Durchschnittswerte zur Ermöglichung ungefähren Kostenüberschlags gelten. Genaue, allgemein zutreffende Kostenaufgaben sind bei der Mannigfaltigkeit der zur Erreichung ein und desselben Zwecks verfügbaren Mittel nicht durchführbar. In gleichem Sinn berechnete Kostenaufstellungen über anderweitige Licht- und Kraftquellen sind zum Vergleich mit den Kosten elektrischer Anlagen aufgenommen.

Im übrigen wurde der Inhalt des Buches in vielen Teilen den Fortschritten neu angepaßt. Unter anderem fand Beachtung die jetzt allen Anforderungen genügende Haltbarkeit der Metalldraht- und Metallfadenlampen, mit der damit wesentlich geförderten Anpassungsfähigkeit und Sparsamkeit des elektrischen Lichtbetriebes. Bei Besprechung der Starklichtquellen konnte über die Flammenbogenlampen mit langer Brenndauer und die daraus folgende Ersparnis an Bedienungskosten berichtet werden. Eingehendere Behandlung der elektrischen Heiz- und Kocheinrichtungen, Bügeleisen u. dgl. erschien erwünscht, da sich ihre Anwendung im Haushalt und Gewerbe selbst bei verhältnismäßig hohem Strompreis als lohnend erweist, sobald die stete Betriebsbereitschaft und der durch vorübergehende Benutzung sparsam eingeschränkte Stromverbrauch zur Geltung kommen.

Hamburg, im Februar 1913.

v. Gaisberg.

Inhaltsverzeichnis.

Winke für die Beschaffung und Instandhaltung elektrischer Anlagen.

Einleitende Erläuterungen.

Maschinen.

Transformator, Motorgenerator, Umformer.

Akkumulatoren.

Lampen.

Bogenlampen.

Lampen mit Leuchtröhren.

Glühlampen.

Anderweitige Stromverbraucher.

Apparate.

Leitungen.

Vorsichtsmaßregeln.

Winke für die Beschaffung und Instandhaltung elektrischer Anlagen.

1. Die Verwertung elektrischen Stromes für Licht- und Kraftbetriebe, wie für anderweitige Zwecke ist so mannigfach, daß elektrische Einrichtungen im bürgerlichen Haushalt, in Gewerbe und Industrie immer unentbehrlicher werden.

Beleuchtungsanlagen, für die eine reiche Auswahl unter Lampen verschiedener Konstruktion und Lichtstärke zur Verfügung steht, genügen weitgehenden Ansprüchen. Glühlampen sind in Abstufungen von 5–1000 Kerzen im Handel. Die kleineren Lampen lassen sich unmittelbar neben oder über den zu beleuchtenden Gegenständen anbringen und geben dabei günstigste Lichtwirkung mit im Vergleich zu anderen Lichtquellen geringen Verbrauchskosten. Stärkere Glühlampen dienen zu vorteilhafter Raumbeleuchtung. Im Gegensatz zu anderen Lichtquellen erfordert die elektrische Glühlampe keinerlei Bedienung und genügt bei fachgemäßer Montierung allen Anforderungen an Feuersicherheit. Bogenlampen geben als Starklichtquellen von 1000—3000 Kerzen und mehr wirtschaftlichste Stromausnutzung, sie lassen sich dem jeweiligen Zweck in Lichtstärke und Lichtfarbe anpassen. Die Wartung wird bei Anwendung geeigneter Lampenkonstruktionen auf geringes Maß eingeschränkt.

Für Kraftbetriebe sind Elektromotoren von den kleinsten Maschinchen an, für Leistungen von Bruchteilen einer Pferdestärke, bis zu den höchsten im Großbetriebe vorkommenden Leistungen zu haben. Elektromotoren sind ausgezeichnet durch große Wirtschaftlichkeit und Anpassungsfähigkeit an die Bedürfnisse im praktischen Betriebe.

Der Verbrauch des Elektromotors entspricht weitgehender als andere Kraftmaschinen der Beanspruchung, d. h. eine Verringerung der Belastung verursacht in weiten Grenzen keine nennenswerte Kostenzunahme für die abgegebene Pferdestärke. Dazu kommt das mühelose An- und Abstellen des Elektromotors, so daß er in sparsamster Weise nur so lange im Betrieb zu bleiben braucht, als die Arbeitsleistung erfordert. Tagelang kann ein Elektromotor ohne Wartung laufen, Bedienungskosten kommen kaum in Betracht. Die ausgedehnte Anwendung des Elektromotors ist ferner dem Umstand zu danken, daß man ihn bei Wahl entsprechender Konstruktion in beliebiger Lage auf dem Fußboden, an der Wand oder an der Decke unter geringem Raumaufwand montieren kann, dass er sich an Arbeitsmaschinen jeder Art anbauen läßt, an die Nähmaschine ebenso leicht wie an die Hobelmaschine in der Fabrik, die Futterschneidmaschine des Landwirts oder die Wasserhaltungsmaschine im Bergwerk.

Die Verwendung elektrischen Stromes für andere Zwecke erstreckt sich ebenfalls auf weite Gebiete. Erinnert sei nur an die zufolge geringen Stromverbrauchs im Anschluß an jede Lichtanlage benutzbaren kleinen Kocheinrichtungen, Bügeleisen, Brennscherenwärmer, die kleinen Heizapparate für ärztliche Zwecke, die Röntgeneinrichtungen usw., ferner an die mit Tausenden von Stromeinheiten arbeitenden Schmelzöfen und elektrolytischen Anlagen im Hüttenbetriebe.

Die mannigfache Verwertbarkeit des elektrischen Stromes und die vielen zur Erreichung des gleichen Zwecks dabei verfügbaren Mittel bedingen für die Beschaffung von Neuanlagen fachkundigen Rat. Daher sollte keine Anlage ohne Hilfe eines gediegenen Sachverständigen ausgeführt werden, wenn nicht der Auftraggeber selbst der Aufgabe gewachsen ist, die richtige Wahl unter den angebotenen Lampen, Maschinen und Apparaten zu treffen und deren Aufstellung einschließlich der Leitungsmontage zu übernehmen.

2. Betriebskosten. Ausschlaggebend für die Einrichtung elektrischer Licht- und Kraftbetriebe sind neben ihren vorerwähnten Eigenschaften die Betriebskosten. Diese wurden nachstehend unter Voraussetzung verschiedener Strompreise in Tabellen zusammengestellt und mit den Kosten einiger anderer Licht- und Kraftquellen verglichen. Handelt es sich um Einrichtung eigener Stromerzeugung und soll hierfür der Stromeinheitspreis behufs Benutzung der Tabellen geschätzt werden, so rechne man für Lichtbetrieb die Kilowattstunde zu 40 Pfg. und für Kraftbetrieb zu 20 Pfg., letzteren Preis unter der Voraussetzung, daß die Motoren mit lange dauernder Durchschnittsbelastung, d. h. während eines großen Teiles des Tages, im Betrieb sind.

a) Lichtbetrieb. Die Tabellenwerte enthalten die Gesamtkosten für den elektrischen Verbrauch, für Ersatz der Glühlampen und Kohlestifte, sowie für Bedienung und Instandhaltung. Lampen und Zubehör wurden nach den Preissätzen des Einkaufs im einzelnen gerechnet. Für Flammenbogenlampen, die je nach der Lampenkonstruktion und der Lichtfarbe größere Unterschiede in den Kosten für eine bestimmte Lichtstärke aufweisen, wurden Durchschnittswerte genommen.

Nicht inbegriffen sind die Abschreibung der Aufwendungen für die Leitungsanlagen nebst Glühlichtkronen, Bogenlampen usw. Diese Unterlassung ist damit zu begründen, daß die Einrichtungskosten durch die Ausdehnung der Leitungsanlagen, die Art der Verlegung usw. sehr weit voneinander abweichen. Zudem sind die Einrichtungskosten für elektrische und Gasbeleuchtung ungefähr gleichgroß, so daß auch in dieser Hinsicht ein Vergleich sich erübrigt.

Gesamtkosten für 1 Betriebsstunde in Pfennig.

Lichtstärke (Hefnerkerzen) HK	Preis für 1 Kilowattstunde				
	20	30	40	50	60 Pf.
	Kohlefaden-Glühlampen.				
5	0,4	0,5	0,7	0,8	1,0
10	0,7	1,0	1,3	1,7	1,9
16	1,1	1,6	2,1	2,6	3,1
25	1,6	2,4	3,2	4,0	4,8
32	2,1	3,1	4,0	5,0	6,0

Lichtstärke (Hefnerkerzen) HK	Preis für 1 Kilowattstnnde				
	20	30	40	50	60 Pf.
Metalldraht- und Metallfadenlampen.					
5	0,3	0,4	0,5	0,6	0,7
10	0,4	0,6	0,7	0,9	1,1
16	0,5	0,7	0,9	1,1	1,3
25	0,7	1,0	1,3	1,5	1,8
32	0,9	1,2	1,6	1,9	2,3
50	1,2	1,7	2,2	2,7	3,2
100	2,2	3,1	4,0	4,9	5,8
200	3,7	5,3	6,9	8,5	10,1
400	7,0	10,1	13,3	16,5	19,7
600	10,2	15,0	19,8	24,6	29,4
1000	16,8	24,8	32,8	40,8	48,8

Bogenlampen.

Gleichstrom-Reinkohlelampen.

1000	18	25	32	38	47

Flammenbogenlampen.

1000	10	14	17	20	23
2000	14	18	23	28	32
3000	18	24	28	33	38

Quarzlampen.

800	10	14	17	21	24
1500	15	21	26	32	37
3000	20	27	35	43	50

Gasglühlicht.

Lichtstärke (Hefnerkerzen) HK	Preis für 1 cbm Gas				
	10	12	14	16	18 Pf.
Stehender Glasglühstrumpf.					
60	1,3	1,5	1,7	1,9	2,1

Lichtstärke (Hefnerkerzen) HK	Preis für 1 cbm Gas				
	10	12	14	16	18 Pf.
Hängender Gasglühstrumpf.					
80	1,2	1,4	1,6	1,8	2,0
Preßgas.					
2000	15	17	19	21	23

Petroleumlampe.

	Preis für 1 l Petroleum			
	14	16	18	20 Pf.
25	1,4	1,6	1,8	2

Stearinkerze.

1,3	Kosten des stündlichen Verbrauchs 1,8 Pfg.

b) Kraftbetrieb. Nach gleichen Grundsätzen wie oben sind in den folgenden Tabellen die Kosten des Verbrauchs, der Bedienung und Instandhaltung der Kraftmaschinen berechnet. Die angegebenen Werte beziehen sich auf Vollbelastung der Motoren. Diese Zahlen sind für die Beurteilung des Elektromotors im Vergleich zu den übrigen Kraftmaschinen insofern ungünstig, als der Verbrauch des Elektromotors bei Belastungs-Zu- und -Abnahme in annähernd gleichem Verhältnis zu- und abnimmt, während die übrigen Kraftmaschinen bei abnehmender Belastung ein wesentlich geringeres Abnehmen der Betriebskosten ergeben. Dazu kommt das bequeme An- und Abstellen des Elektromotors und die auch hiermit verbundene große Ersparnis an Verbrauchskosten.

Die Tabellen für Gas- und Dieselmotoren dienen nicht nur zum Vergleich mit den Betriebskosten des Elektromotors, sie geben auch einen Anhalt für die Kosten eigener

Stromerzeugung, wenn diese Kraftmaschinen zum Betrieb elektrischer Generatoren benutzt werden sollen. Zum Anhalt bei dahin gehender Kostenschätzung sei erwähnt, daß mit einer an der Kraftmaschine verfügbaren Pferdestärke bei kleinen Anlagen 600 Watt erzeugt werden, d. h. rd. 10 Metalldrahtlampem von 50 Kerzen oder 20 Lampen von 25 Kerzen sich betreiben lassen.

Gesamtkosten der Betriebsstunde in Pfennig.

Elektromotor.

Leistung in Pferdestärken PS	Preis für 1 Kilowattstunde			
	10	15	20	25 Pf.
1/8	2	3	4	5
1/4	3	4,5	6	8
1/2	5	7,5	10	13
1	10	15	20	25
1 1/2	15	23	30	38
2	19	29	38	48
3	28	42	56	70
4	35	53	70	88
6	52	78	104	130
8	66	99	132	165
10	82	123	164	205
20	160	240	320	400

Gasmotor.

	Preis für 1 cbm Gas			
	10	12	14	16 Pf.
2	13	15	17	21
6	34	41	47	54
10	54	65	75	86
20	96	115	135	154

Dieselmotor.

	Preis für 100 kg Gasöl 12 Mk.
8	30
10	35
20	60

c) Anderweitige Ausnutzung des elektrischen Stromes. Umfangreicher Betrieb von Heiz-, Koch-, Brateinrichtungen, Bügeleisen, Brennscherenwärmern usw. ist nur bei niedrigen Strompreisen wirtschaftlich. Für kurzzeitige Benutzung bestimmte, mit niedrigen Stromstärken arbeitende Einrichtungen werden häufig auch an Lichtnetze angeschlossen, wenn das Verlegen gesonderter Leitungen für sogen. Kraftstromentnahme sich nicht lohnt oder Schwierigkeiten verursacht. In der Tabelle wurde daher der Anschluß dieser Stromverbraucher an Licht- und Kraftnetze berücksichtigt, indem beidem gerechtwerdende Grundpreise angenommen sind.

Verbrauchskosten verschiedener Einrichtungsgegenstände in Pfennig.

	Preis für 1 Kilowattstunde					
	5	10	15	20	40	50 Pf.
1 l Wasser von Zimmertemperatur zum Sieden bringen	0,6	1,2	1,8	2,3	4,4	5,3
1 kg Rindfleisch kochen	1,0	2,1	3,2	4,2	8,4	10,5
1 Brennschere erhitzen .	0,03	0,07	0,1	0,14	0,28	0,35
Stündliche Kosten für:						
Ununterbrochenes Bügeln	1,8	3,6	5,4	7,2	14,4	18,0
Fußwärmer	0,3	0,5	0,8	1,0	2,0	2,5
Entstaubungsmaschine mit 1/2 pferd. Motor .	2,5	5	7,5	10	20	25

3. Anschaffungskosten. Zum Zweck rohen Kostenüberschlags für die Beschaffung der Leitungsanlagen, Maschinen, Lampen und Apparate sind nachstehend Durchschnittszahlen gegeben. Bindende Veranschlagung kann nur durch einen Sachverständigen unter Berücksichtigung der obwaltenden Verhältnisse und der Marktlage erfolgen.

Leitungsanlage ohne Lampen und Lampenträger, im übrigen betriebsfertig montiert. Für die zu installierende rd. 50kerzige Glühlampe rechnet man Für wesentlich hellere Lampen ist der Einheitssatz zu erhöhen.	ℳ 15—20
Lampenträger, als Glühlichtkronen, Tischlampen usw., schwanken in den Kosten je nach Ausstattung in weiten Grenzen. Im allgemeinen sind für die Lampe zu rechnen	„ 15—20
Glühlampen: Kohlefadenlampen von 5—32 Kerzen im Einzeleinkauf, einschließlich der mit der Lichtstärke der Lampen steigenden Leuchtmittelsteuer, das Stück	„ 0,55—0,80
Metalldrahtlampen von 5—50 Kerzen mit Leuchtmittelsteuer . .	„ 1,60—1,90
desgl. von 100—1000 Kerzen mit Leuchtmittelsteuer	„ 4,10—7,70
Angenommen sind die üblichen Lampen in Birnform, Lampen in Kugelform und mattierte Lampen sind etwas teurer.	
Bogenlampen für Reinkohle, je nach Brenndauer und Lichtstärke	„ 60—110
desgl. für Effektkohlen (Flammenbogenlampen) je nach Brenndauer und Lichtstärke	„ 110—150
desgl. Kohlestifte: Reinkohlen, stündlicher Verbrauch	0,3 Pf.
desgl. Kohlestifte: Effektkohlen, stündlicher Verbrauch	0,5 „
Bügeleisen für den Gebrauch im Haushalt . . .	„ 8—10
Brennscherenwärmer mit selbsttätiger Schaltung	„ 12
Fußwärmer	„ 20
Elektrischer Wasserkocher für ¼ l Inhalt . .	„ 8
„ „ „ 1 l „ . .	„ 15
Elektrische Kücheneinrichtung ohne Leitungsanlage für einen Haushalt mit 3 Personen . .	„ 120—250
Entstaubungsmaschine, transportabel, mit ½ pferd. Motor	„ 500

Elektromotoren. Die Preise sind abhängig von Umlaufzahl, Stromart und Spannung, so daß nachstehende zusammenfassende Kostenaufgabe nur Durchschnittswerte enthalten kann.

Leistung:	¼	½	1	2	3	4	6	8	10	20 PS
Preis:	110	150	250	420	570	700	870	1000	1100	1500 ℳ

In gleichem Sinne wurden die folgenden Preise für Gas- und Dieselmotoren angegeben für fertige Montierung ohne die Kosten des Fundaments.

Gasmotoren.

Leistung:	2	6	8	10	20 PS
Preis:	1800	3500	4000	4500	7000 ℳ

Dieselmotoren.

Leistung:	8	10	20 PS
Preis:	6000	6700	10000 ℳ

4. Vorbereitung elektrischer Stromversorgung bei Bauarbeiten. Bei der Errichtung und beim Neubau von Häusern sollte auf deren Ausstattung mit elektrischer Stromversorgung tunlichst Bedacht genommen werden, selbst wenn dortselbst die Entnahme von elektrischem Strom zunächst nicht in Aussicht genommen ist. Insbesondere gilt dies für Gebäude, die aus einem vorhandenen oder in nicht zu ferner Zeit zu errichtenden Stromversorgungsnetz Zuleitungen erhalten können. Dahingehende Maßnahmen sind vor allem auch für Miethäuser zu empfehlen, da die Mieter selten geneigt sind, diejenigen Teile der elektrischen Einrichtung, die mit dem Hause fest verbunden bleiben, auf eigene Rechnung zu beschaffen. Hier wird am zweckmäßigsten die ganze Leitungsanlage betriebsfertig hergestellt, ohne die vom Mieter mitzubringenden, zu den Einrichtungsgegenständen gehörigen Lampenträger und Lampen.

Über die bei Bauarbeiten in dieser Hinsicht zu empfehlenden Maßnahmen wurden vom Verband Deutscher Elektrotechniker für Architekten und Bauherren bestimmte Leitsätze[1]) aufgestellt. Die Leitsätze sind in nachstehenden Ausführungen verwertet.

Vorzubereiten sind in erster Linie Plätze für das Einführen der Stromleitungen in das Gebäude, für das Aufstellen eines oder mehrerer Elektrizitätszähler, sowie für das Hochführen der Hauptversorgungsleitungen im Gebäude. Sollte für die den Elektrizitätszähler nebst Zubehör aufnehmende Schalttafel kein Raum auf der Wandfläche verfügbar sein, so ist eine Mauernische auszusparen.

---

[1]) Leitsätze für die Herstellung und Errichtung von Gebäuden bezüglich Versorgung mit Elektrizität. Verlag von Julius Springer, Berlin.

Aussparungen zum Hochführen der Hauptversorgungsleitungen durch die Stockwerke sind notwendig, wenn nicht das Einbetten von Leitungsschutzrohren in den Mauerputz, ebenfalls während der Rohbauarbeiten, bevorzugt wird, oder die Leitungsschutzrohre offen auf den fertigen Mauerputz verlegt werden. In Wohnräumen sollte das Rohrnetz für die Leitungsverzweigung gelegentlich der Rohbauarbeiten in den Mauerputz und die Decken eingebettet werden. Für untergeordnete Räume genügt ein Verlegen der Leitungsschutzrohre auf den fertigen Mauerputz. Das Aussparen von Nischen für Unterbringung der in den Stockwerken erforderlichen Schalttafeln und in Etagenhäusern der Elektrizitätszähler darf nicht vergessen werden, damit diese Teile nicht später auf den Wandflächen montiert werden müssen und zu viel anderweitig verwertbaren Raum einnehmen. Am bedeutsamsten sind solche Vorarbeiten für elektrische Einrichtungen in Eisenbeton-Bauten. Hier können Mauernischen für die Leitungsführung, für Schalttafeln, Elektrizitätszähler usw. beim Zimmern der Verschalung für das Herstellen der Betonwände vorgesehen, auch imprägnierte Dübel für das Befestigen der Leitungsführung, der Lampenträger usw. an der Verschalung mit Drahtstiften angeheftet und mit einbetoniert werden. Für Leitungen, welche die Wände und Decken durchquerend zu verlegen sind, sollten genügend weite Eisenrohre in den Beton eingebettet werden, so daß später die mit Isolierrohren geschützten Leitungen, ohne Bohrarbeit am fertigen Eisenbeton, durchgeführt werden können.

Die im voraus in die Mauer einzubettenden Rohre sind so weit zu nehmen und mit einer genügenden Zahl zwischengelegter Dosen zu versehen, daß das spätere Leitungseinziehen keine Schwierigkeiten bietet. Vor allem gilt dies für Rohre, die dicke, schwer biegsame Hauptleitungen, z.B. die Steigleitungen in Etagenhäusern, aufzunehmen haben.

Wird beim Bau oder Umbau eines Hauses die Herstellung elektrischer Anlagen in bezeichneter Weise vorbereitet, so ergibt sich im Vergleich zu dem anderenfalls später notwendigen Aufstemmen von Wänden und Decken eine erhebliche Kostenersparnis. Dazu kommt, daß Stemmarbeiten in bewohnten Häusern eine schwer zu ertragende Störung von Ruhe und Reinlichkeit einschließen. Sind die Leitungswege genügend vorbereitet, so kann das Verlegen der Leitungen entweder alsbald nach dem Austrocknen des Baues oder später zu jeder Zeit ohne viel Mühe und Zeitaufwand geschehen. Ein Verlegen der Leitungen vor dem Austrocknen des Mauerwerks gefährdet den Isolationszustand der Anlage.

Handelt es sich um den Anschluß an Elektrizitätswerke mit zwei Stromtarifen, einem teuren für Beleuchtungszwecke und einem billigeren für anderweitige Zwecke (Motorenbetrieb, Heizung u. dgl.), so ist zu erwägen, ob Strom letzterer Art in größerem Umfang gebraucht wird. Trifft dies zu, so ist die Montierung von zwei Elektrizitätszählern und zugehörigen Leitungen vorzusehen.

Sollen die Vorbereitungen für die spätere Stromversorgung eines Gebäudes von Nutzen sein, so ist zunächst ein Sachverständiger wegen der auszuführenden Arbeiten zu hören. Nachdem hierüber entschieden ist, müssen die Arbeiten planmäßig ausgeführt werden, am besten unter Überwachung durch den Sachverständigen. Geschieht dies nicht, so ist zu befürchten, daß selbst weitgehende, aber nicht mit genügendem Vorbedacht getroffene Maßnahmen für eine spätere Durchführung der Stromversorgung nicht oder nur teilweise verwertbar sind. Es entstehen dann abermalige Unkosten, verbunden mit meist noch mehr ins Gewicht fallenden Ruhestörungen infolge des Aufstemmens und Wiederverputzens von Wänden und Decken. Über die für eine spätere Stromversorgung getroffenen Maßnahmen muß ein genauer Plan unter Angabe der verdeckten Leitungsschutzrohre, der Abzweigdosen usw. angefertigt werden, damit diese Teile bei einer auch erst nach Jahren zu bewirkenden Stromversorgung und hierzu erforderlichen Leitungsverlegung leicht aufgefunden werden können.

5. Überlegungen vor der Auftragserteilung. Vor der Auftragserteilung zur Herstellung einer elektrischen Anlage mache man sich ein möglichst klares Bild über die zu stellenden Forderungen, um dann erst mit Unternehmern wegen Aufstellung von Kostenanschlägen zu verhandeln. Geschieht dies nicht, so werden in der Regel während der Ausführung der Arbeiten so viele Änderungen und Nachbestellungen notwendig, daß die Mehrarbeiten die ursprüngliche Kostenveranschlagung gegenstandslos machen und bei der Abrechnung unerquickliche Streitigkeiten zwischen dem Auftraggeber und dem Unternehmer verursachen. Dies ist in der Regel darauf zurückzuführen, daß, im Vergleich zu der meist knappen ersten Veranschlagung, durch Nachbestellungen und nachträgliche Änderungen verhältnismäßig hohe Kosten entstehen. Sollen z. B. schon montierte Leitungen und Apparate entfernt und durch neue ersetzt werden, so müssen die Arbeiter auf die neu erforderlichen Gegenstände häufig warten oder verlieren viel Zeit durch die zur Herbeischaffung derselben zurückzulegenden Wege. Noch größere Verzögerungen und damit zusammenhängende Mehrkosten entstehen, wenn die erforderlichen Materialien von auswärts bezogen werden müssen.

Die zum Zweck einer Auftragserteilung anzustrebende Vorausbestimmung des Bedarfs an Lichtstellen usw. ist leichter, wenn man die bis zur Einführung der elektrischen Beleuchtung benutzte anderweitige Beleuchtungsart in Vergleich ziehen oder sich ein Bild über die zu stellenden Forderungen durch Besichtigung vorhandener elektrischer Anlagen machen kann. Dabei kommt es weniger darauf an, die Lichtstärke der Lampen als deren Zahl und die Montierungsstellen zu bestimmen. Die Wahl der Lichtstärke der Lampen kann in den meist in Frage kommenden Grenzen bis nach Fertigstellung der Leitungsanlage vorbehalten bleiben; auch ist bei Glühlichtbeleuchtung eine spätere Änderung in der Lichtstärke der Lampen leicht durchführbar. Um nicht nur eine spätere Erhöhung der Lichtstärke, sondern auch eine Vermehrung der Lampen, Motoren usw. zu ermöglichen, empfiehlt es sich, die Leitungsquerschnitte bei der Projektierung reichlich zu bemessen.

Bei der Beschaffung von Stromerzeugungsanlagen hüte man sich vor dem häufig begangenen Fehler, die Kraft- und Stromerzeuger sowie die zugehörigen Akkumulatoren zu klein zu nehmen. In den meisten Fällen tritt sehr bald eine Erhöhung des Strombedarfs ein, der zu einer Überlastung zu knapp bemessener Einrichtungen führt und deren Dauerhaftigkeit gefährdet. Bei Akkumulatorenbetrieb kommt noch hinzu, daß die mit demselben sonst durchführbare wirtschaftliche Betriebseinteilung durch Überlastung der Anlage erschwert und dadurch die Stromerzeugung verteuert wird. In Anlagen, bei denen eine erhebliche Erweiterung für später vorauszusehen ist, empfiehlt es sich, den Raum für die Aufstellung eines weiteren Maschinensatzes frei zu halten und Akkumulatoren am besten von Anfang an genügend groß zu nehmen oder zum mindesten deren Vergrößerung durch Anwendung größerer Akkumulatorenkästen vorzubereiten.

Ist das System der elektrischen Einrichtung durch den zu bewirkenden Anschluß an eine vorhandene Stromerzeugungsanlage nicht von vornherein bestimmt, so ist zu entscheiden, welche Stromart und Spannung, sowie welches Leitungssystem in Anwendung kommen sollen. Anhaltspunkte hierfür sind unter 7 und 8 gegeben.

Auf Grund der angedeuteten Überlegungen sind Unternehmer zur Einreichung von Kostenanschlägen und Plänen aufzufordern. Die letzteren können meist auf die Darstellung der Lampenverteilung beschränkt bleiben; Leitungspläne haben hier nur Zweck, wenn man dieselben entweder selbst beurteilen oder die Beurteilung durch einen Sachverständigen herbeiführen kann. Dagegen sind vor Inangriffnahme der Arbeiten Leitungspläne auch für einen nicht technisch gebildeten Besteller von Wert, wenn derselbe die in Aussicht genommenen Leitungswege beurteilen und dahingehende Wünsche äußern will.

Am besten gelingt es dem Auftraggeber, sich mit den in Frage kommenden Einzelheiten vertraut zu machen, wenn er selbst eine Planskizze über die Lampenverteilung anfertigt. Hierzu sind unter 12 die erforderlichen Anleitungen gegeben. Handelt es sich um schriftliche Auftragserteilung an auswärtige Unternehmer, so kann die Anfertigung von Planskizzen selten entbehrt werden.

6. Entscheidung, ob eigene Anlage oder Anschluß an ein vorhandenes Elektrizitätswerk. Bei kleinen Anlagen bis zu 15 Kilowatt Leistung, entsprechend der

Leistung einer rd. 25 pferdigen Kraftanlage, ist der Anschluß an ein Elektrizitätswerk ausnahmslos vorzuziehen. Bei größeren Anlagen kann eigene Stromerzeugung vorteilhafter sein, es sei denn, daß von einem Elektrizitätswerk dem Umfang der Stromentnahme entsprechende, günstige Bedingungen eingeräumt werden. Eigener Stromerzeugung werden vor allem die Inhaber industrieller Betriebe zuneigen, wenn die für den Antrieb der elektrischen Maschinen erforderliche Kraft und der Raum für die Maschinenaufstellung verfügbar sind, sowie das vorhandene Bedienungspersonal für die elektrische Anlage mit verwendet werden kann. Größere Schwierigkeit verursacht die Beschaffung einer vollständigen Stromerzeugungsanlage einschließlich der zugehörigen Dampf-, Gas- oder Wasserkraftanlage. In vielen Fällen ist der Anschluß an ein Elektrizitätswerk neben eigener Stromerzeugung von Vorteil; erstens erhält man durch die Reserve erhöhte Betriebssicherheit, zweitens kann der eigene Betrieb eingestellt werden, sobald er bei geringem Verbrauch teurer ist, als der Strombezug vom Elektrizitätswerk.

Kommt die Beschaffung einer eigenen Stromerzeugungsanlage in Frage, so müssen deren Betriebskosten mit den Lieferbedingungen des Elektrizitätswerks verglichen werden, unter Einrechnung etwa zu tragender Kosten für den Anschluß an das Elektrizitätswerk. Dahingehende Berechnungen und Begutachtungen werden am zweckmäßigsten einem unparteiischen Fachmann übertragen. Stellt sich eigene Stromerzeugung billiger, so ist noch zu bedenken, daß hierbei die nie zu vermeidenden Widerwärtigkeiten in der Anstellung und Überwachung des Bedienungspersonals mit in Kauf genommen werden müssen. Dies fällt um so mehr ins Gewicht, je weniger der Inhaber der Anlage in der Lage ist, die Arbeiten des für den Betrieb anzustellenden Maschinisten usw. zu beurteilen.

7. Wahl der Stromart. Für die bei der Beschaffung einer eigenen Stromerzeugungsanlage notwendige Entscheidung über das System derselben ist sachverständiger Rat erforderlich. Im nachstehenden sollen daher nur allgemeine Anhaltspunkte gegeben werden.

Besteht am Orte ein Elektrizitätswerk für Lieferung von Licht und Kraft, so wählt man zweckmäßig für eine gesonderte Stromerzeugungsanlage das gleiche System. Hierdurch wird die Möglichkeit gewahrt, daß bei etwaigen Störungen in der eigenen Stromerzeugungsanlage oder, wenn der eigene Betrieb aufgegeben werden sollte, Strom aus dem Leitungsnetz des Elektrizitätswerks entnommen werden kann, ohne wesentliche Änderungen an der Leitungsanlage. Im übrigen gilt für die Wahl des Systems, wofür Gleichstrom oder Wechselstrom und die bei jedem derselben möglichen verschiedenen Schaltungsanordnungen in Frage kommen, folgendes.

a) Gleichstrom eignet sich in einem räumlich nicht zu ausgedehnten Gebiet für Beleuchtung und Betrieb von Motoren. In kleinen Anlagen verdient Gleichstrom fast immer den Vorzug. Als wesentlichster Vorteil des Gleichstrombetriebs ist die Möglichkeit der Aufspeicherung der elektrischen Arbeit in Akkumulatoren hervorzuheben. Die letzteren dienen als Reserve für den Fall des Versagens der Maschinen und ermöglichen außerdem eine Erhöhung der Wirtschaftlichkeit des Betriebes. Bei Anwendung von Akkumulatoren kann die Maschinenanlage kleiner genommen werden als der größte zeitweise auftretende Strombedarf erfordert, ferner kann während geringen Stromverbrauchs, z. B. zur Nachtzeit, der dann unwirtschaftliche Maschinenbetrieb eingestellt werden. Eine nachteilige Beeinflussung der Ruhe des elektrischen Lichtes durch Schwankungen in der Umlaufzahl der Betriebsmaschine läßt sich durch zweckentsprechende Anwendung von Akkumulatoren verringern. Bei Elektromotorenbetrieb ist Gleichstrom vor allem dann vorzuziehen, wenn ein Wechsel in der Umlaufzahl der Motoren verlangt wird; dies ist bei Gleichstrom wirtschaftlicher durchführbar als bei Wechselstrom.

b) Wechselstrom bietet den Vorteil, daß sich leicht und sicher hohe Spannungen erzeugen lassen und demzufolge elektrische Ströme mit verhältnismäßig geringen Verlusten an elektrischer Leistung und geringen Kosten für die Leitungsanlage auf große Entfernungen fortgeleitet werden können. Diese Vorzüge kommen aber nur zur

Geltung, wenn es sich um Übertragung großer Leistungen handelt. Der hochgespannte Strom kann an der Verbrauchsstelle leicht in Strom von niedriger, für den Beleuchtungsbetrieb usw. geeigneter Spannung umgewandelt werden. Der Nachteil des Wechselstroms gegenüber dem Gleichstrom, für elektrolytische Betriebe nicht anwendbar zu sein, kann beim Anschluß an vorhandene Leitungsnetze nicht geltend gemacht werden, weil ja auch bei Gleichstrom die für den Lichtbetrieb übliche Spannung durch besondere Maschinen auf die beim elektrolytischen Betrieb notwendige niedrige Spannung herabgesetzt werden muß.

Das Einphasenstromsystem, das einfachste Wechselstromsystem, hat mit dem Gleichstromsystem den Vorzug gemein, nur zwei Leitungen zu erfordern. Vorzüge bietet dies System für die Stromversorgung ausgedehnter, hauptsächlich Lichtlieferung beanspruchender Gebiete, dagegen ist es für Motorenbetriebe nicht unter allen Umständen gleich gut verwertbar. Die gewöhnlichen Einphasenmotoren mit Kurzschlußanker oder mit Anker, der Schleifringe hat, bieten im Vergleich zu Gleichstrommotoren zwar den Vorteil, daß ihnen der immerhin empfindliche Kommutator fehlt. Diese Motoren laufen daher, wenn nicht grobe Störungen vorliegen, vollkommen funkenlos, sie haben aber den Nachteil, daß sie bezüglich des Anlassens unter Belastung, des Wirkungsgrades und der Überlastungsfähigkeit den Motoren anderer Stromarten nachstehen. Die Einphasen-Kommutatormotoren, die äußerlich den Gleichstrommotoren ähneln, sind weniger einfach, größer und daher meist teurer als Gleichstrommotoren gleicher Leistung. Sie zeichnen sich aus durch bequeme und weitgehende Regelbarkeit der Umlaufzahl, sind somit am Platze, wenn in dieser Hinsicht weitergehende Anforderungen gestellt werden. Sie laufen unter Belastung an, sind daher auch hierin den kommutatorlosen Einphasenmotoren überlegen.

Das Drehstromsystem ist auf dem Gebiete des Motorenbetriebs dem Einphasenstromsystem überlegen, indem die Drehstrommotoren den an moderne Elektromotoren zu stellenden Anforderungen in hohem Maße genügen. So kommen z. B. bei den Motoren mit Kurzschlußanker bewegliche Stromzuführungen, d. h. Bürsten und Schleifringe, in Wegfall; es besteht demnach der umlaufende Teil lediglich aus der Welle mit Anker und der auf der Welle sitzenden Riemenscheibe oder anderweitigen mechanischen Übertragungskupplungen. Bei Motoren mit außerhalb der Maschine montiertem Anlasser für den Anker hat der letztere drei Schleifringe. Die Drehstrommotoren laufen im Gegensatz zu den gewöhnlichen Einphasenmotoren unter voller Belastung oder auch mit Überlastung an und besitzen hohen Wirkungsgrad. Ihre Umlaufzahl nimmt mit wachsender Belastung nur wenig ab, auch ist ihnen große Betriebssicherheit eigen. Drehstrom wählt man, wenn elektrischer Strom für Licht- und Kraftbetrieb auf große Entfernung zu übertragen ist, oder wenn bei kleiner Übertragungsentfernung die Vorteile des Drehstrommotors gegenüber dem Gleichstrommotor für bestimmte Anwendungen ausschlaggebend sind. Auf den Gleichstrombetrieb kann zugunsten des Drehstrombetriebs um so eher verzichtet werden, je größer eine Anlage und je gleichmäßiger die Belastung ist, weil dann der dem Gleichstrombetrieb eigene Vorteil der Arbeitsaufspeicherung durch Akkumulatoren weniger in Betracht kommt. In ausgedehnten Anlagen werden unter Umständen Gleichstrom- und Drehstrombetrieb unter Umwandlung der einen Stromart in die andere vereinigt behufs Ausnutzung der beiden Systemen für einzelne Zwecke eigenen Vorteile. Werden Anlagen letzterer Art geplant, so müssen eingehende Berechnungen vorausgehen, um festzustellen, ob durch die nebeneinander auszuführenden beiden Systeme und die dazu erforderlichen doppelten Reserven die zu erwartenden Vorteile nicht aufgewogen werden.

8. Wahl der Spannung. Für Anlagen mit geringer Ausdehnung des Leitungsnetzes ist eine Spannung von 110 Volt wegen der Einfachheit der zugehörigen Schaltungen, sowie wegen der hier wirtschaftlicheren Ausnutzung von Glüh- und Bogenlampen am zweckmäßigsten. Kleine Motoren für etwa $^1/_{10}$ Pferdestärke sind bei 110 Volt betriebssicherer als bei höherer Spannung.

Handelt es sich um ausgedehntere Leitungsnetze, so

ergeben sich bei einer Spannung von nur 110 Volt zu große Leitungsquerschnitte. Es kann dann das erstgenannte System (Zweileitersystem) unter Erhöhung der Spannung auf 220 Volt in Frage kommen. Häufiger geht man zum Dreileitersystem (vgl. 106 b) mit 2 · 110 Volt Leitungsspannung über. Hier bleiben die eingangs erwähnten Vorteile der Spannung von 110 Volt für die wirtschaftlichste Verwendung von Glüh- und Bogenlampen bestehen, indem diese Spannung zwischen je einem der Außenleiter und dem Mittelleiter verfügbar ist. Außerdem besteht zwischen den beiden Außenleitern die Spannung von rd. 220 Volt, die für Motorenbetrieb (abgesehen von den vorerwähnten ganz kleinen Motoren), ferner für den Betrieb von Quarzlampen (vgl. 73 b) Vorteile bietet.

Genügen die vorgenannten Spannungen wegen der dabei für ausgedehntere Leitungsnetze zu groß werdenden Leitungsquerschnitte nicht mehr, so kann zum Dreileitersystem mit 2 · 220 Volt oder zum Drehstromsystem mit 3 · 220 Volt Spannung übergegangen werden. Dies bringt aber den Nachteil mit sich, daß Glühlampen etwas weniger wirtschaftlich brennen und Bogenlampen in größerer Zahl hintereinander geschaltet werden müssen, somit nicht so gut ausnutzbar sind. Kommt in Elektrizitätswerken diese höhere Spannung in Anwendung, weil sich dabei das Leitungsnetz mit kleineren Kupferquerschnitten und daher billiger herstellen läßt, so wird die für Beleuchtungszwecke weniger wirtschaftliche Stromausnutzung meist durch einen entsprechend niedrigeren Strompreis ausgeglichen.

Über die bezeichneten Grenzen hinausgehende Spannungen sind für Lichtbetriebe nur in Sonderfällen im Gebrauch, z. B. dient eine Gleichstromspannung von rd. 550 Volt vornehmlich für Straßenbahn- und Kranbetrieb und nebenbei für eine zugehörige Beleuchtung. Die letztere Grenze erheblich übersteigende Spannungen kommen für Wechselstrom-Übertragung auf große Entfernung in Anwendung, dabei wird an den Verbrauchsstellen die hohe Spannung in eine für den Lichtbetrieb usw. geeignete Spannung umgewandelt.

Die Grenzen für die jeweilig zweckmäßigste Spannung

lassen sich nur für vorliegende Verhältnisse bestimmen. Hierfür ist der Rat eines Sachverständigen einzuholen.

9. Lichtstärke. Die Anforderungen an die Lichtstärke schwanken je nach der Benutzung der zu beleuchtenden Räume. Für Wohnzimmer rechnet man zur Erlangung guter Beleuchtung in Tischhöhe 4 Kerzen auf 1 qm der Bodenfläche, für Schlafzimmer genügen 2 Kerzen auf 1 qm. In Bureaus nimmt man 3—6 Kerzen auf 1 qm, in Läden ist meist größerer, mit der Art der zu verkaufenden Gegenstände und der Ausstattung des Raumes in weiten Grenzen schwankender Lichtaufwand notwendig.

10. Wahl der Lampen. Die Anwendungsgebiete der Glüh- und Bogenlampen lassen sich gegenseitig nicht mehr eng abgrenzen, seitdem sparsam brennende Glühlampen auch für hohe Lichtstärken auf dem Markte sind und den mittelstarken Bogenlampen Konkurrenz machen.

Zur Beleuchtung einzelner Arbeitsplätze dienen Glühlampen in Lichtstärken von 25 Kerzen an aufwärts. Schwächere Lampen von 10 und 16 Kerzen sind im allgemeinen nur für untergeordnete Räume im Gebrauch. Große Glühlampen von 100—500, unter Umständen bis 1000 Kerzen treten mit Vorteil an die Stelle von Bogenlampen, indem die Brennkosten solcher Glühlampen denjenigen gleich heller Bogenlampen annähernd gleich sind, bei den Glühlampen eine Bedienung wegfällt und zudem ein störungsfreieres Licht erzielt wird als mit Bogenlampen.

Den großen Bogenlampen und für einzelne Anwendungen den Quarzlampen bleiben, als Starklichtquellen, ausgedehnte Allgemeinbeleuchtungen in Hallen und im Freien vorbehalten. Hierfür kommen vor allem die Flammenbogenlampen in Betracht, welche für gegebenen Kostenaufwand größte Lichtausbeute ermöglichen. Wird Wert darauf gelegt, die Farben der zu beleuchtenden Gegenstände tunlichst wie bei Tag erscheinen zu lassen, so bleiben die älteren Reinkohle-Bogenlampen in ihrem Recht.

Moorelicht, Röhrenlicht, wird vereinzelt wegen der ihm eigenen gleichmäßigen Lichtverteilung angewendet.

11. Lampenanordnung. Am wirkungsvollsten ist eine Beleuchtung, wenn die das Auge blendenden Lampen nicht sichtbar sind und lediglich die zu beleuchtenden Gegenstände bestrahlen. Dies gilt gleicherweise von der zu beleuchtenden Fläche des Arbeitstisches, wie von der Beleuchtung der Gegenstände in den Schaufensterauslagen der Läden. Die in letzterem Falle mit sichtbaren Lampen ausgestatteten Anlagen sind um so verfehlter, je näher sich die Lampen an den ausgestellten Gegenständen befinden und durch Blendwirkung das Betrachten der Gegenstände erschweren. Hier sollten die Lampen nur dann sichtbar sein, wenn sie zur Dekoration oder Reklame dienen, wie es mit den außerhalb der Schaufenster angebrachten Flammenbogenlampen beabsichtigt wird. Ein Hervorheben der ausgestellten Gegenstände wird damit weniger erreicht.

Für die Allgemeinbeleuchtung von Räumen ist das Abblenden der Lichtquellen nicht immer durchführbar oder zweckmäßig. Hier sind dann die Lampen so hoch zu hängen, daß sie beim Betrachten der in dem Raum verteilten Gegenstände, des Mobiliars und der Bilder, nicht blenden. Erforderlichenfalls nimmt man halbmattierte Glühlampen oder man versieht die Lampen mit geeigneten Glasschirmen. Im übrigen ist für derartige Verteilung der Lichtstellen zu sorgen, daß Schattenbildung tunlichst vermieden wird.

Indirekte Beleuchtungen, wobei abgeblendete Bogenlampen, unter Umständen auch Glühlampen, ihr Licht gegen die weiße Decke oder große Reflektoren ausstrahlen und die Lichtverteilung von diesen letzteren aus erfolgt, gibt für verschiedene Anwendungen, z. B. für Zeichensäle, zweckentsprechende Wirkung. Die Kosten derartiger Beleuchtungen sind wegen des damit verbundenen Lichtverlustes größer, als bei direkter Lichtstrahlung.

12. Plan für die Lampen- und Apparatverteilung. Steht ein Gebäudegrundriß zum Einzeichnen der Lampen usw. nicht zur Verfügung, so bedient man sich einer aus freier Hand angefertigten Planskizze, wie dies in Fig. 1 an einem Etagengrundriß gezeigt wird. Erleichtert wird die Herstellung eines solchen Planes durch Verwendung von Papier mit Quadrateinteilung; hierzu genügt ein mit Wasserlinien versehener Briefbogen. Die annähernden

Maße der Räume sind im Plan zu vermerken. Ferner müssen besonderen Zwecken dienende Räume im Plan angegeben werden, namentlich wenn dieselben feucht sind, in denselben leicht brennbare Gegenstände gelagert werden sollen, sich explosive Gase ansammeln u. dgl.

Für das Einzeichnen der Lichtstellen und Apparate in den Plan sind die nachstehenden, den Vorschriften des Verbandes Deutscher Elektrotechniker[1]) entnommenen, jedem Elektrotechniker geläufigen Zeichen zu benutzen:

× = Feste Glühlampe.

×〰 = Transportable Glühlampe.

⊗5 = Fester Lampenträger mit Lampenzahl (5).

Obige Zeichen gelten für Glühlampen jeder Lichtstärke sowie für Fassungen mit und ohne Hahn.

⊗8 = Bogenlampe mit Angabe der Stromstärke (8 Ampere).

= Gleichstrom-Maschine oder Motor.

= Wechselstrom-Maschine oder Motor.

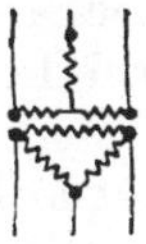

= Drehstrom-Transformator (eine Wickelung in Stern-, die andere in Dreieckschaltung).

= Akkumulatoren.

——— = Leitung.

= Wandfassung, Anschlußdose.

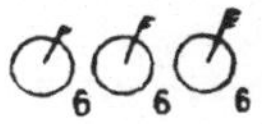

6 6 6 = Einpoliger bzw. zweipoliger bzw. dreipoliger Dosenschalter mit Angabe der höchsten zulässigen Stromstärke (6 Ampere).

3 = Umschalter, desgleichen (3 Ampere).

= Sicherung.

---

1) Die vom Verband Deutscher Elektrotechniker aufgestellten Vorschriften und Normalien sind im Verlag von Julius Springer, Berlin, erschienen.

⊠ = Widerstand, Heizapparat und dgl.

○ = Meßinstrument.

Ⓐ = Stromzeiger.

Ⓥ = Spannungszeiger.

Ⓩ = Elektrizitätszähler.

Demnach bezeichnen in dem Plan Fig. 1:

a festmontierte Glühlampen mit zugehörigen Schaltern *b*; für die nicht in der Nähe der Wände eingezeichneten Lampen sind Pendelaufhängungen gedacht. Die gesonderten Schalter *b* sind erforderlich, weil die Lampen so hoch hängen, daß sie mit Schaltern an den Fassungen, sog. Hahnfassungen, von auf dem Fußboden stehenden Personen nicht ein- und ausgeschaltet werden können.

c festmontierte Glühlampen, in der Nähe der Wand gezeichnet und demnach an Wandarmen montiert gedacht, ebenfalls mit gesonderten Schaltern *b*.

d Glühlampen mit einem gemeinsamen Schalter b. Durch die Linie, welche die Lampen und den Schalter verbindet, wird die Zusammengehörigkeit dieser drei Teile angedeutet.

e Glühlampen ohne gesonderte Schalter. Da hier keine Schalter eingezeichnet sind, so ist es selbstverständlich, daß Hahnfassungen verlangt werden. Die letzteren sind zulässig, wenn die Lampen, wie es in dem vorliegenden Fall gedacht ist, so niedrig montiert sind, daß sie vom Fußboden aus bequem erreicht werden können.

f transportable Glühlampe. Der Lampenträger, eine Tischlampe oder dergl., ist durch eine biegsame Leitungsschnur mit der Anschlußdose *g* verbunden.

h Kronen für 3 bzw. 5 Glühlampen mit zugehörigen Umschaltern *i*. Mit den letzteren kann man alle Lampen oder nur einen Teil derselben einschalten oder auch die Stromzuführung ganz unterbrechen.

k Bogenlampe für 4 Ampere Stromstärke.

m Elektromotor mit $^1/_2$ Kilowatt Verbrauch, d. h. rund $^1/_2$ Pferdestärke leistend.

n Elektrizitätszähler.

Zweckmäßig ist es, für die gesamte Leitungsanlage

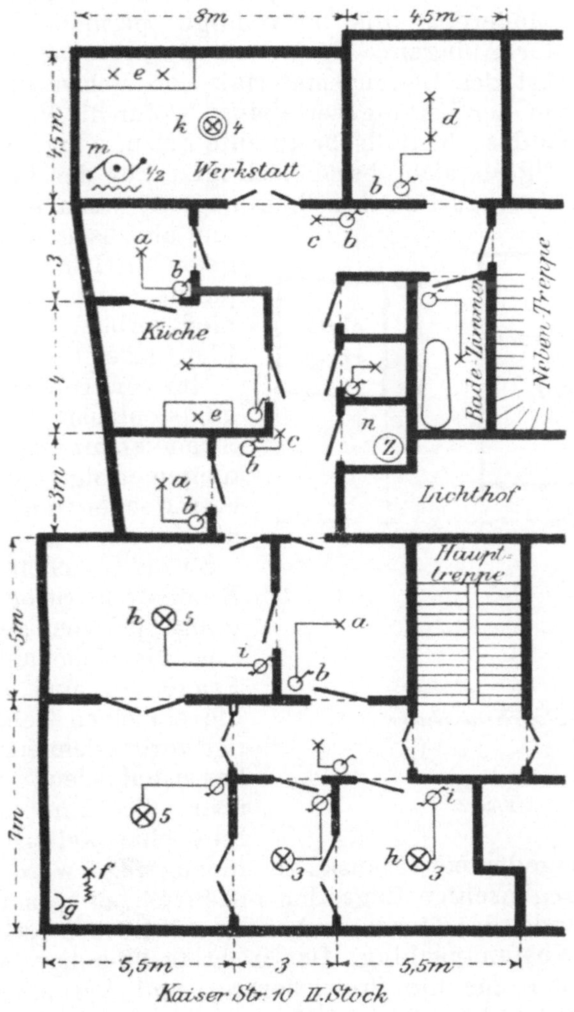

Fig. 1.

in einem Hause oder in einem Stockwerk einen Hauptschalter zum Stromunterbrechen in allen Leitungspolen zu verlangen, um bei Nichtbenutzung der Einrichtungen oder bei eintretender Gefahr ein vollständiges Abstellen der Stromzuführung zu ermöglichen. Solche Schalter erleichtern außerdem die notwendige periodische Untersuchung der Anlagen.

Die Art des Leitungsmaterials, ob Mehrfachleitungen usw., sowie der Leitungsverlegung, wofür die Vorschriften des Verbandes ebenfalls bestimmte Zeichen angeben, sind im Plan Fig. 1 nicht berücksichtigt. Für den Laien, der die Planskizze ausführen soll, genügt es, wenn er die von ihm als zusammengehörig gedachten Lampen und Apparate durch einfache Linien verbindet, wie es im Plan gezeigt ist.

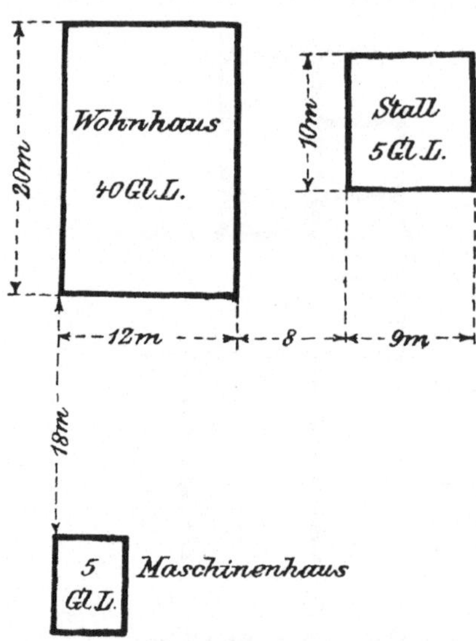

Fig. 2.

Im vorstehenden wurde angenommen, daß die Stromversorgung aus Leitungen erfolgt, die an dem betreffenden Gebäude vorüberführen, z. B. aus Straßenkabelleitungen. Kommt eine Stromversorgung aus einer gesonderten Maschinenanlage in Frage, so muß den für die einzelnen Gebäude in der vorbezeichneten Weise herzustellenden Skizzen über die Lampenverteilung eine weitere, durch Fig. 2 angedeutete Planskizze hinzugefügt werden, aus der die gegenseitige Lage der mit Strom zu versorgenden Gebäude und des Maschinenhauses zu ersehen ist.

13. Kostenanschlag. Der nicht fachkundige Auftraggeber wähle für die Projektierung und Veranschlagung seiner elektrischen Einrichtungen einen Unternehmer, dem er auf Grund erforderlichenfalls eingezogener Erkundigungen Vertrauen entgegenbringen kann. Zwecklos wäre es für ihn, mehrere Unternehmer zur Erreichung von Kostenanschlägen aufzufordern, falls er nicht in der Lage ist, die Angebote selbst zu beurteilen oder durch einen Sachverständigen prüfen zu lassen. Denn die Höhe der Preisforderung ist von der Güte der in Vorschlag gebrachten Einrichtungen und von der Art der Leitungsverlegung abhängig, so daß nicht allein der Preisunterschied für die Auftragserteilung maßgebend sein kann. Bei den in der Regel hohen Strompreisen der Elektrizitätswerke ist die Verwendung von sparsam brennenden Lampen, von Motoren mit hohem Wirkungsgrad usw. anzustreben. Hierfür aufzuwendende höhere Beschaffungskosten machen sich binnen kurzer Zeit durch Stromersparnis bezahlt.

Bei voneinander abweichenden Kostenanschlägen muß die Ursache des Preisunterschiedes ergründet werden. Eine teure Veranschlagung unterscheidet sich gegenüber einer niedrigeren oft weniger durch höhere Einzelpreise für gleichwertige Lieferungen als durch Veranschlagung besserer Materialien und angebotene weitergehende Lieferungen. Billige Angebote müssen daraufhin geprüft werden, ob sie die verlangten Lieferungen vollständig enthalten, weil wegen erforderlicher Nachlieferungen unliebsame Streitigkeiten entstehen können.

Der Kostenanschlag soll sich auf die betriebsfertige Herstellung der Anlage nebst allem Zubehör erstrecken. Zu letzterem gehören Ölkannen für das Maschinenschmieren, Behälter für das Aufbewahren des Maschinenöles, Schraubenschlüssel, in Akkumulatorenanlagen Behälter für die Nachfüllflüssigkeit usw.

Sind den die Kostenveranschlagung aufstellenden Unternehmern die örtlichen Verhältnisse nicht bekannt, oder stehen einer bindenden Veranschlagung der Montagekosten anderweitige Schwierigkeiten entgegen, so sind Stundenlöhne für Monteure und Hilfsmonteure, erforderlichenfalls auch für Hilfsarbeiter zu vereinbaren. Die letzteren werden in solchen Fällen zweckmäßiger von dem Auftraggeber gestellt. Ferner sind festzusetzen die tägliche Arbeitszeit und die Kosten für Hin- und Rückreise der Monteure. Bei dahingehender stets schwieriger Verrechnung muß das Einhalten der Arbeitszeit vom Auftraggeber überwacht werden.

Als Grundlage, nach denen Maschinen, Lampen und Apparate, sowie die Ausführung der Leitungsanlagen zu veranschlagen sind, gelten die vom Verband Deutscher Elektrotechniker aufgestellten Vorschriften und Normalien [1]).

Dieselben enthalten in den „Errichtungsvorschriften“ alle von den Feuerversicherungsgesellschaften für die Ausführung elektrischer Anlagen gestellten Forderungen. Ebenso sind die von den Elektrizitätswerken für den Anschluß von Anlagen an ihre Versorgungsnetze erlassenen Bestimmungen den Verbandsvorschriften meistens angepaßt und nur in einigen Teilen verschärft.

14. Garantie. Die von den Fabriken und Installateuren für die gelieferten Maschinen, Apparate und Leitungsanlagen in der Regel geleistete einjährige Garantie umfaßt die kostenlose Instandsetzung bei im normalen Betrieb entstehenden Schäden. Zur Vermeidung späterer Meinungsverschiedenheiten ist der Zeitpunkt des Garantiebeginnes unzweideutig zu vereinbaren. Hierfür nimmt man für neu aufzustellende Maschinen, für Leitungsanlagen usw. am sichersten den Tag der betriebsfertigen Abnahme. Diese muß dann vom Auftraggeber schriftlich bestätigt werden. Bei Einrichtungsgegenständen, Kleinmotoren u. dgl., die Montagearbeiten am Aufstellungsort nicht erfordern, nimmt man als Garantiebeginn meistens den Tag der Anlieferung.

15. Auftragserteilung. Bei der Auftragserteilung ist Wert darauf zu legen, daß sowohl der Auftraggeber wie der Unternehmer über den Umfang der zu bewirkenden Lieferungen sich klar sind. In den meisten Fällen empfiehlt es sich zu vereinbaren, daß die Einrichtungen für den veranschlagten Gesamtpreis betriebsfertig herzustellen sind. Es wird dann ein bei der Abrechnung leicht Streitigkeiten veranlassendes Aufmessen der Leitungen usw. vermieden. Nur wenn eine Vermehrung der Lichtstellen, der Motoranschlüsse u. dgl. gegenüber dem Kostenanschlag vorgenommen oder eine wesentliche Änderung der Leitungsanordnung von dem Auftraggeber verlangt wird, muß der

---

[1]) Normalien, Vorschriften und Leitsätze des Verbandes Deutscher Elektrotechniker, Verlag von Julius Springer, Berlin.

Mehraufwand an Leitungen, Apparaten und Arbeitszeit auf Grund der vereinbarten Einzelpreise gesondert verrechnet werden. Zu letzterem Zweck ist es notwendig, daß der Kostenanschlag die Einzelpreise enthält.

Für die Anlieferung der Maschinen, Apparate und Leitungen sowie für den Montagebeginn ist ein bestimmter Zeitpunkt zu vereinbaren, wobei wegen ungehinderten Fortganges der Arbeiten Gewicht darauf zu legen ist, daß vor Beginn der Arbeiten die sämtlichen Gegenstände angeliefert werden. Handelt es sich um Einrichtungen in Neubauten, so vereinbare man, daß die Montage der elektrischen Einrichtung den Bauarbeiten anzupassen ist. Inwieweit dabei die elektrische Montage während der Rohbauarbeiten oder danach ausgeführt werden muß, wurde unter 4 gesagt.

Ist die Ausführung von Installationsarbeiten nicht durch anderweitige Umstände an eine bestimmte Zeit gebunden, so wähle man für die Ausführung Frühjahr oder Sommer. In diesen Zeiten sind die Installateure weniger beansprucht, so daß auf die Zuteilung besserer Monteure, sowie auf eine sorgfältigere Überwachung der Arbeiten gerechnet werden kann, als in den Zeiten reger Installationstätigkeit gegen Beginn des grösseren Lichtbedarfs im Herbst. Im Herbst und insbesondere im Winter ist außerdem die kürzer dauernde Tagesbeleuchtung den Arbeiten hinderlich.

Neben der Vereinbarung etwaiger Sonderbestimmungen mache man bei der Auftragserteilung die Befolgung der Vorschriften und Normalien des Verbandes Deutscher Elektrotechniker zur Bedingung.

16. Beaufsichtigung der Montierungsarbeiten. Durch Beaufsichtigung der Leitungsverlegung, der Montierung der Apparate usw. gewinnt auch der Nichttechniker einen für die spätere Unterhaltung der Anlage ihm zustatten kommenden Einblick in die Einrichtungen. Er kann sich hierdurch die Fähigkeit zur Beurteilung auftretender Störungen aneignen und gegebenenfalls notwendige Abhilfe fördern, indem er z. B. herbeigerufenen Monteuren die beim Auftreten der Störung gemachten Wahrnehmungen bekannt gibt. Bei kleineren Schäden wird er unter Umständen selbst Abhilfe schaffen können. In letzterer Hinsicht muß vor unüberlegten Versuchen gewarnt werden, weil hierdurch der Schaden leicht vergrößert und weitere Gefahr herbeigeführt wird.

17. Hilfeleistung bei der Montierung. Ist ein Wärter für die spätere Bedienung einer neu zu errichtenden elektrischen Anlage schon bestimmt, so soll derselbe bei der Montage zur Hilfeleistung beigegeben werden, damit er Einblick in die Einrichtungen gewinnt und die nach deren Fertigstellung zu übernehmende Bedienung und Unterhaltung erlernt. Zu letzterer gehören neben den Arbeiten in der Stromerzeugungsanlage das Reinigen der Bogenlampen, das Einsetzen der Kohlestifte in dieselben, die Wartung der Elektromotoren, die Unterhaltung eines guten Isolationszustandes der Leitungsanlage usw. Ein anstelliger Maschinenwärter wird es durch die Hilfeleistung bei der Montage leicht so weit bringen, daß er diesen Anforderungen genügt und die Anlage dauernd in gutem betriebssicheren Zustand erhalten kann.

18. Abnahme der fertigen Anlage. Nach Fertigstellung einer Anlage lasse sich der Auftraggeber alle Einzelheiten der Einrichtung von dem Monteur, welcher die Anlage ausgeführt oder die Arbeiten geleitet hat, erklären. Dabei ist Gewicht darauf zu legen, die Handhabung der Schalter, das Einsetzen der Sicherungen sowie die Hauptregeln für die Bedienung der Lampen, Elektromotoren usw. kennen zu lernen. Die Maschinen, die Bogenlampen, Transformatoren usw. sind einem Probebetrieb nach Maßgabe der bei der Auftragserteilung gestellten Bedingungen zu unterziehen. Akkumulatoren sind nach vorschriftsmäßiger Aufladung daraufhin zu prüfen, ob sie bei der vorgeschriebenen Stromstärke die garantierte Entladedauer haben.

Für die Abnahme sind die vom Verband Deutscher Elektrotechniker herausgegebenen Vorschriften maßgebend, unter anderem die Normalien für die Bewertung und Prüfung von elektrischen Maschinen und Transformatoren. Eine vollständige Nachprüfung neu gelieferter Maschinen usw. nach den langwierige Untersuchungen vorschreibenden Normalien sollte nur in besonderen Fällen, bei großen Anlagen und ernsten Streitigkeiten, verlangt werden. Für gewöhnlich kann man sich am Aufstellungsort der Maschinen und Transformatoren mit weniger eingehenden Prüfungen um so mehr begnügen, als die in Frage kommenden Teile der Anlage in der Regel nach vielfach erprobten Modellen gebaut und in der Fabrik einer eingehenden Prüfung unterzogen sind. Eine weitere Gewähr für den Anlagen-Inhaber besteht in der von der Fabrik meist gegebenen einjährigen Garantie (vgl. 14).

Bei dem den jeweiligen Anforderungen anzupassenden Probebetrieb sind sämtliche Lampen, Motoren usw. einzuschalten. An den Maschinen ist hierbei die Erwärmung der Wickelung und der Lager zu beachten. Bei sich erwärmenden Widerständen ist nachzusehen, ob sie in dem erforderlichen Abstand von entzündlichen Gegenständen angebracht sind. Da die gleichbleibende Höchsterwärmung der Maschinen erst nach längerer Zeit eintritt, so ist der Probebetrieb, je nach der Größe der Maschinen, auf 2—6 Stunden auszudehnen.

Die für neu aufgestellte Maschinen, Apparate usw. etwa bestehenden Bedienungsvorschriften fordere man von dem Lieferanten ein, um danach die Bedienung und Unterhaltung der Anlage zu überwachen. Geeignetenfalls sind die Vorschriften in der Nähe der in Frage kommenden Maschinen und Apparate aufzuhängen.

19. Reserveteile. Die Menge der für eine elektrische Anlage bereit zu haltenden Reserveteile ist von den Ansprüchen an die Betriebssicherheit und häufig auch davon abhängig, ob erforderlicher Ersatz an Ort und Stelle beschafft werden kann oder von auswärts bezogen werden muß.

In Beleuchtungsanlagen müssen Glühlampen und Sicherungspatronen bereit liegen. Wird bei Elektromotoren großer Wert auf ununterbrochenen Betrieb gelegt, so müssen ein Reserveanker und Magnetspulen vorhanden sein, neben den im übrigen nötigen kleinen Zubehörteilen, als Bürsten, Bürstenhalter usw. Bei weitergehenden Ansprüchen wird am besten ein vollständiger Reservemotor beschafft, der sich ohne weiteres an die Stelle eines beschädigten Motors bringen läßt.

In umfangreichen Anlagen kann auf Verringerung und gleichzeitig beste Bereitschaft des Reservelagers dadurch hingewirkt werden, daß man die Anlagen nach einheitlichen Grundsätzen ausführt, namentlich die Elektromotoren von der gleichen Fabrik und soweit angängig auch gleichgroß nimmt.

20. Nachbestellungen müssen zur Erlangung pünktlicher Ausführung von genauen Unterlagen begleitet sein. Zu diesem Zweck empfiehlt es sich, die Avise und Rechnungen über gelieferte Maschinen, Apparate usw. geordnet aufzubewahren, um bei Nachbestellung die von der Fabrik geführten Bezeichnungen und Nummern verwerten zu können. Fehlen solche Anhalte, so sind die Aufschriften an den Maschinen (Leistungsschild) und Apparaten im Bestellschreiben wiederzugeben, erforderlichenfalls Skizzen mit eingeschriebenen wesentlichen Maßen anzufertigen. Auch das Beilegen von Mustergegenständen kann zweckmäßig sein, z. B. bei einer Kohlebürsten-Bestellung das Mitsenden einer abgenutzten Bürste.

Die Aufträge sind tunlichst den mit der Lieferung der Einrichtungen betraut gewesenen Unternehmern zu erteilen; andernfalls besteht keine Gewähr für genaue Nachlieferung.

21. Notwendigkeit einer zeitweisen Untersuchung elektrischer Anlagen. Die Betriebs- und Feuersicherheit elektrischer Anlagen ist nicht weniger von der Güte der anfänglich beschafften Einrichtung als von deren Instandhaltung abhängig. Zeitweise Untersuchungen zwecks Instandsetzung beschädigter Teile elektrischer Anlagen sind um so notwendiger, als entstandene Schäden sich im Brennen der Lampe, im Betrieb der Motoren usw. nicht immer bemerkbar machen, selbst wenn sie ernste Gefahren einschließen. Hierauf sind namentlich nicht technisch gebildete Besitzer elektrischer Anlagen aufmerksam zu machen, weil dieselben nur zu leicht die Gefahren unterschätzen, die mit m a n g e l h a f t unterhaltenen elektrischen Anlagen verbunden sind. Dem Laien harmlos erscheinende Fehler können ernste Gefahren in sich bergen. Elektrische

Anlagen besitzen nur in gut unterhaltenem Zustand die ihnen dabei mit Recht nachgerühmte Betriebs- und Feuersicherheit.

Die nicht zu vermeidende Abnutzung der einzelnen Teile einer elektrischen Anlage ist je nach der Verlegung der Leitungen und der übrigen Ausführung, sowie nach der Art und nach der Benutzung der Räume, in denen sich die Anlagen befinden, verschieden, so daß die Häufigkeit der Untersuchungen den jeweiligen Anforderungen angepaßt werden muß. Zum Beispiel erfordern Leitungsanlagen in Räumen, woselbst sich explosive Gase ansammeln oder leicht brennbare Gegenstände lagern, eine besonders häufige Untersuchung. Ferner ist ein Unterschied zu machen, ob die Leitungen durch die Benutzung der Räume oder dgl. leicht beschädigt werden, oder ob eine Beschädigung der Leitungen weniger zu befürchten ist. In wichtigen und besonders gefährdeten Anlagen ist eine alljährliche Untersuchung unter Umständen zu wenig, während man in anderen Anlagen, z. B. in Wohnungen, woselbst die Leitungen weniger leicht beschädigt werden, mit der Wiederholung der Untersuchungen mehrere Jahre warten kann. Immerhin darf man auch in letzteren Fällen nicht zu sorglos sein, namentlich wenn die Benutzung der Anlagen ausschließlich durch Laien erfolgt, die entstandene Schäden selten beachten.

22. Maßnahmen für die Untersuchung und Instandhaltung elektrischer Anlagen. Das Wichtigste für gute Instandhaltung elektrischer Anlagen ist eine mit fachmännisch gewandtem Blick zeitweise vorzunehmende Besichtigung aller Teile der Anlage und die erforderlichenfalls sich anschließende Beseitigung von Mängeln. Erst in zweiter Linie stehen die ebenfalls nicht zu versäumenden zeitweisen Isolationsmessungen. Sich mit dem Beseitigen von Isolationsfehlern zu begnügen und den übrigen Zustand einer Anlage unberücksichtigt zu lassen, wozu hier und da Neigung besteht, wäre verfehlt. Mit Feuersgefahr usw. verbundene Schäden an Anlagen lassen sich mindestens ebenso häufig mit dem Auge wahrnehmen als durch Isolationsmessungen feststellen.

Am besten wird eine Anlage dauernd in gutem Zustand erhalten, indem man entstandene Schäden alsbald beseitigt. Dies ist aber nur bei größeren Anlagen möglich, bei denen es sich lohnt, das einer solchen Instandhaltung gewachsene, genügend verläßliche Bedienungspersonal zu halten und für dessen Beaufsichtigung durch einen erfahrenen Ingenieur zu sorgen. In kleinen Anlagen werden dagegen für die Betriebsführung vielfach Personen verwendet, die keine Gewähr für eine verläßliche Unterhaltung der Einrichtungen bieten. Bei den an die Leitungsnetze von Elektrizitätswerken und Blockstationen angeschlossenen Anlagen ist für die Instandhaltung überhaupt niemand vorhanden, weil der Umfang solcher Anlagen eine dauernde Beaufsichtigung im allgemeinen nicht erfordert.

Für die Durchführung einer zeitweisen Untersuchung und Instandsetzung der Anlagen gibt es zwei Wege: Entweder bedient man sich eines beratenden Ingenieurs, der die Anlage zu untersuchen und die Beseitigung gefundener Mängel zu veranlassen hat, oder man überträgt die Untersuchung und Instandsetzung einem verläßlichen Installateur.

Die Zuziehung eines beratenden Ingenieurs empfiehlt sich in allen denjenigen Fällen, in denen die Beseitigung gefundener Mängel durch das eigene Personal, d. h. durch die im Betrieb der Anlage angestellten Maschinisten und Mechaniker erfolgen kann. Hierdurch wird gleichzeitig erreicht, daß das Betriebspersonal durch die von sachverständiger Seite zeitweise vorzunehmenden Untersuchungen zu sorgfältiger Betriebsführung angehalten und durch die seitens des überwachenden Ingenieurs zu gebenden Anweisungen leistungsfähiger wird. In diesbezüglichen Vereinbarungen mit einem überwachenden Ingenieur stelle man die Bedingung, daß nicht nur die Anlage untersucht, sondern auch die Instandsetzung überwacht und so lange nachgeprüft werden muß, bis die Fehler ordnungsmäßig behoben sind. Eine Begutachtung und Aufgabe von Fehlern ohne Überwachung der Instandsetzungsarbeiten würde meistens zwecklos sein.

Besitzt das Betriebspersonal die Fähigkeit zur Vornahme von Instandsetzungsarbeiten nicht, oder hat dasselbe hierzu keine Zeit, so wird zweckmäßiger ein verläßlicher Installateur mit der zeitweisen Untersuchung und Instandsetzung beauftragt. Betriebspersonal, dem die Fähigkeit zu elektrischen Montagearbeiten fehlt, ist von der selbständigen Ausführung nennenswerter Instandsetzungsarbeiten grundsätzlich fernzuhalten, weil durch unvollkommene Arbeiten die Betriebssicherheit der Anlagen nur gefährdet wird. Dagegen steht nichts im Wege, bezeichnetes Personal den elektrischen Monteuren zur Hilfeleistung bei den Instandsetzungen beizugeben. Zeitweise Untersuchungen und Instandsetzungen der angegebenen Art sind z. B. in den an die Leitungsnetze von Elektrizitätswerken und Blockstationen angeschlossenen Anlagen erforderlich, wenn eigenes Betriebspersonal nicht zur Verfügung steht. Solche Untersuchungen dürfen auch in den kleinsten Anlagen nicht unterlassen werden, weil hier Fehler ebenso gefährlich werden können wie in großen Anlagen.

Sorgt man für die Vornahme der Untersuchungen in richtigen Zeitabständen, im allgemeinen alle 1 bis 3 Jahre, so bleiben die Kosten für die Instandsetzungen verhältnismäßig gering, in der Regel geringer, als wenn man die Untersuchungen hinausschiebt und entstandene Schäden größer werden läßt. Sind ältere Anlagen solchen Untersuchungen zu unterziehen, so verursacht die erstmalige Instandsetzung meist größere Kosten, die im Interesse der Betriebs- und Feuersicherheit nicht zu scheuen sind. Hierbei kommt es vor, daß der Auftraggeber durch die für ihn unerwarteten Kosten sich übervorteilt glaubt und geneigt ist, die nächste Untersuchung und Instandsetzung einem anderen Unternehmer zu übertragen. Geschieht dies, so fällt es leicht zum Schaden des Auftraggebers aus, weil ein neuer Unternehmer abermals einen größeren Arbeits- und Zeitaufwand braucht, um sich mit der Anlage vertraut zu machen, vielleicht auch geneigt ist, durch weitergehende Umänderungen an der alten Anlage sich neue Arbeit zu suchen. Letzteres ist um so eher möglich, als über die Grenze, inwieweit bei Instandsetzungen mit der Beseitigung veralteter Einrichtungen gegangen werden soll, persönliche Ansichten maßgebend sind. Bei der Instandsetzung älterer Anlagen gilt der Grundsatz, daß, den neuen Vorschriften nicht mehr genügende Einrichtungen nur dann zu beseitigen sind, wenn sie die Betriebs- und Feuersicherheit der Anlage gefährden. Nur in diesem Sinne haben die Vorschriften des Verbandes Deutscher Elektrotechniker rückwirkende Kraft.

Bei der Wahl des mit der zeitweisen Untersuchung und Instandsetzung zu betrauenden Unternehmers ist größtes Gewicht auf dessen Verläßlichkeit zu legen. Denn es handelt sich um die Beachtung vieler oft kleinlich erscheinender Punkte, die nur bei gewissenhafter und sinngemäßer Anwendung der bestehenden Vorschriften den Anforderungen entsprechend erledigt werden können. Der anzustrebende Zweck wird daher nur durch Auftragserteilung an vertrauenswerte Unternehmer erreicht. Da der Umfang erforderlicher Instandsetzungen im voraus selten angegeben werden kann, so muß darauf verzichtet werden, vorweg einen Preis für die Arbeiten zu vereinbaren. Auch dieser Umstand läßt es geraten erscheinen, verläßliche Unternehmer zuzuziehen, von denen eine den bewirkten Arbeiten angemessene Kostenberechnung auch ohne vorherige Vereinbarung zu erwarten ist.

23. Umbau veralteter Anlagen. Bei einer Entscheidung darüber, inwieweit veraltete elektrische Anlagen behufs Herbeiführung genügender Feuer- und Betriebssicherheit umgebaut und erneuert werden müssen, folge man dem Rat bewährter Sachverständiger. Dahingehende Begutachtungen sollten sich bei alten Anlagen, je nach ihrer Bedeutung, in zwei- bis vierjährigen Fristen wiederholen. Die wichtigsten hierbei zu beachtenden Regeln sind nachstehend angegeben:

Leitungen, die nach einem seit langem nicht mehr zulässigen Installationsverfahren mit Krampen befestigt sind, dürfen nicht im Betrieb bleiben. Die isolierenden Umhüllungen dieser alten Leitungen sind an und für sich wenig widerstandsfähig, zudem sind sie mit der Zeit mürbe und brüchig geworden. Durch geringfügige Veranlassung, durch Anstoßen gegen die Befestigungsstellen oder durch Erschütterungen, kann daher eine Beschädigung der die Drähte umhüllenden Isolierschichten und dadurch Leitungsschluß eintreten. Am größten ist diese Gefahr, wenn

Mehrfachleitungen in der beschriebenen Weise montiert sind. Ein bei dieser Verlegungsart entstehender Leitungsschluß verursacht oft so schwachen Stromübergang zwischen den gemeinsam befestigen Leitungen oder zwischen einer Leitung und metallischen Gebäudeteilen, daß sich die Leitungen durch die zugehörigen Sicherungen nicht selbsttätig abschalten. Der dabei auftretende kleine Lichtbogen genügt aber, um die Umspinnung der Leitungen zu entzünden und durch diese das Feuer auf benachbarte brennbare Gegenstände zu übertragen.

Ähnlich verhalten sich abgenutzte Leitungsschnüre, wie sie oft aus Sorglosigkeit und falscher Sparsamkeit für transportable Lampen in Benutzung bleiben. Alle derartigen auch nur wenig beschädigten Leitungsschnüre, insbesondere die den bestehenden Vorschriften nicht mehr genügenden Gummibandschnüre, sollten überall durch beste Gummiaderschnüre ersetzt werden. Diese Grundsätze sind peinlichst zu befolgen, wenn die Leitungen mit leicht brennbaren Gegenständen, als Gardinen, Betten usw. in Berührung kommen. Eine Beschädigung der Schnüre wird hintangehalten, wenn man sie nicht zu lang nimmt und dadurch dem in erster Linie zu Beschädigungen führenden Verschlingen der Schnüre vorbeugt.

Keine Gefahr bieten die veraltet in Holzleisten verlegten Leitungen, solange die Holzleisten vollkommen trocken und unbeschädigt bleiben. Dagegen müssen in Holzleisten verlegte Leitungen, die sich an nur wenig feuchten Stellen befinden, als gefährlich, umgehend beseitigt werden. Auch hier versäume man nicht, die Leitungsanlage zeitweise eingehend untersuchen zu lassen.

Beachtung schenke man ferner den auf Holz montierten Schalteinrichtungen und den häufig vorhandenen veralteten Sicherungen und Schaltern. Viele der älteren Sicherungen erfüllen die bestehenden Anforderungen (vgl. 94) keineswegs, so daß ihr Ersatz durch verläßlich wirkende Apparate als eine der ersten Bedingungen für die Feuer- und Betriebssicherheit einer Anlage anzusehen ist. Die Anwendung von Schaltern mit offen liegenden Kontakten kann nur in Räumen geduldet werden, die ausschließlich elektrotechnisch geschultem Personal zugänglich sind.

Man scheue sich nicht, Leitungsanlagen, die den heutigen Anforderungen an Feuer- und Betriebssicherheit nicht mehr genügen, erforderlichenfalls mit großem Kostenaufwand erneuern zu lassen. Namentlich gilt dies von den elektrischen Einrichtungen in Wohnhäusern, woselbst die Leitungen behufs jederzeit möglicher Benutzung der Lampen während der ganzen Nacht unter Spannung stehen und nur in guter Ausführung geduldet werden sollten.

Einleitende Erläuterungen.

24. Elektrische Strömung. Die elektrische Strömung kann mit der Wasserströmung in Rohrleitungen verglichen werden. Man denke sich zwei in verschiedener Höhe angebrachte Wasserbehälter *B* (Fig. 3), verbunden durch die Rohre *R*. Die durch eine Kraftmaschine angetriebene Kreiselpumpe *P* fördere das Wasser dauernd vom unteren in den oberen Behälter. Es entspricht dann das im Rohre R^+ dem oberen Behälter zufließende Wasser der Hinleitung des Stromes und das im Rohr R^- abfließende Wasser der Rückleitung des Stromes. Abfluß und Zuflußstutzen der Pumpe sind mit dem + und — Pol einer stromerzeugenden Maschine (Generator) vergleichbar.

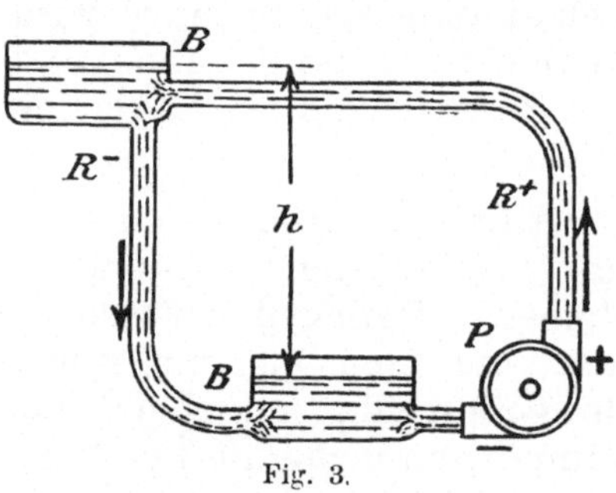

Fig. 3.

25. Stromstärke. Die Stromstärke entspricht der die Rohrleitungen *R* (Fig. 3) in der Zeiteinheit durchströmenden Wassermasse. Die Einheit der Stromstärke ist das A m p e r e.

½ Ampere ist z. B. zum Betrieb einer 50 kerzigen Metalldraht-Glühlampe bei einer Spannung von rd. 110 Volt erforderlich. Der Leuchtdraht der Lampe wird durch den ihn durchfließenden Strom zum Glühen gebracht.

26. Spannung. Die elektrische Spannung ist zu vergleichen mit dem in der Pumpe *P* (Fig. 3) erzeugten, durch das Wassergefälle *h* dargestellten Druck. Die Einheit der Spannung ist das Volt.

Wenig mehr als 1 Volt Spannung besitzen die für den Betrieb elektrischer Klingeleinrichtungen verwendeten galvanischen Elemente. Für Beleuchtungsbetriebe kommen 110 – 220 Volt in Anwendung. Elektrische Straßenbahnen werden gewöhnlich mit 500 Volt betrieben. Bei Kraftübertragung auf große Entfernung verwendet man Wechselstrom von vielen Tausend Volt.

Je nach der Höhe der Spannung unterscheidet man:

a) Niederspannungsanlagen. Bei diesen beträgt die Gebrauchsspannung, d. h. die für den Beleuchtungsbetrieb usw. verfügbare Spannung, zwischen irgend einer Leitung und Erde nicht mehr als 250 Volt.

Z. B. gilt eine Dreileiteranlage (vgl. 106 b) mit 2 · 220 Volt Spannung als Niederspannungsanlage, wenn der Mittelleiter mit der Erde verbunden, d. h. geerdet ist. Zufolge dieser Maßnahme kann an keiner Stelle des Leitungsnetzes zwischen einem der beiden Außenleiter und Erde eine höhere Spannung als 220 Volt auftreten.

b) Hochspannungsanlagen. Hierzu gehören alle die vorbezeichnete Spannungsgrenze überschreitenden Starkstromanlagen.

27. Leitungswiderstand. Die elektrischen Leiter setzen dem sie durchfließenden Strom Widerstand entgegen, ähnlich wie eine Rohrleitung dem sie durchfließenden Wasser. Bei unveränderlichem Wasserdruck ist der Wasserfluß in einer Rohrleitung um so schwächer, je enger und länger die Rohrleitung, ferner je größer die Reibung an den Rohrwandungen ist, d. h. je größeren Widerstand die Rohrleitung dem Wasserfluß entgegensetzt. Gleicherweise ist der Widerstand eines elektrischen Leiters um so größer, je kleiner der Querschnitt und je länger der Leiter ist. Auch steht der Widerstand in Abhängigkeit von dem Leitungsmaterial, er ist z. B. bei Kupfer unter sonst gleichen Verhältnissen sechsmal kleiner als bei Eisen. Die Einheit des Widerstandes ist das Ohm.

28. Verbrauch und Leistung. Die Einheit des elektrischen Verbrauchs und der elektrischen Leistung ist das Watt. Dasselbe ist im allgemeinen gleich dem Produkt aus Spannung und Stromstärke. In der Praxis gilt der 1000fache Wert des Watt „1 kW (Kilowatt)" als Einheit.

Die Einheit der mechanischen Leistung „1 PS (Pferdestärke)" ist gleich 75 kgm/sek (75 Kilogramm in der Sekunde 1 m hoch heben) gleich 736 W (Watt). Angestrebt wird anstatt der PS das kW als mechanische Einheitsleistung einzuführen.

Von elektrischem Verbrauch spricht man, wenn es sich um die Aufnahme von elektrischer Energie handelt; man spricht z. B. von dem Verbrauch einer Glühlampe oder einer Bogenlampe. Für eine 25kerzige Metalldrahtlampe beträgt z. B. bei 110 Volt Spannung die Stromstärke rd. 0,25 Ampere; die Lampe verbraucht sonach $110 \cdot 0{,}25 =$ rd. 30 Watt. Von elektrischer Leistung spricht man, wenn elektrische Energie abgegeben wird, z. B. von einer stromerzeugenden Maschine, und von mechanischer Leistung, wenn es sich um die Leistung einer Kraftmaschine, z. B. eines Elektromotors, handelt. Man sagt, ein Elektromotor verbraucht ein Kilowatt und leistet 1 Pferdestärke.

Das obige Beispiel der Wasserbewegung zum Vergleich heranziehend, ergibt sich die mechanische Leistung eines Wasserlaufs aus dem Produkt der die Rohrleitung in der Zeiteinheit durchfließenden Wassermasse (unter 25 mit der Stromstärke verglichen) mal dem Gefälle (unter 26 mit der Spannung verglichen).

29. Elektrische Arbeit. Die elektrische Arbeit wird berechnet durch Multiplikation der Leistung in Watt mit der Zeitdauer der Leistung. Die Einheit ist die Wattstunde oder der 1000fache Wert, die Kilowattstunde (kWst).

Die Kilowattstunde bildet in der Regel die Grundlage für die Bezahlung des Stromverbrauchs an die Elektrizitätswerke. Eine 25kerzige Metalldrahtlampe verbraucht bei der Durchschnittsbenutzung des Anschlußwertes in

Wohnungen jährlich rd. 30 Watt · 300 Stunden = 9000 Wst oder 9 kWst.

Zum Vergleich des Wertes der elektrischen Arbeit mit anderen Arbeitsformen dienen nachstehende Zahlen:

1 kWsek (Kilowattsekunde) ist gleichwertig mit der mechanischen Arbeit von 102 kgm (Kilogrammeter), d. i. die Arbeit, die ein Gewicht von 102 kg 1 m hoch hebt.

1 kWst (Kilowattstunde) ist gleichwertig mit der Wärmearbeit von 859 kcal (Kilogrammkalorien), die notwendig ist, um die Temperatur von 859 l Wasser um 1° C zu erhöhen.

1 PSsek gleich 75 kgm gleich 0,736 kWsek oder 736 Wsek.

30. Elektrizitätsmenge. Die praktische Einheit der Elektrizitätsmenge ist die Amperestunde. Das ist diejenige Elektrizitätsmenge, welche sich ergibt, wenn 1 Ampere während der Dauer einer Stunde fließt.

Wird eine Glühlampe mit 0,3 Ampere eine Stunde lang gebrannt, so beträgt der Stromverbrauch 0,3 Ampere · 1 Stunde = 0,3 Amperestunden.

Ist die Spannung einer Gleichstromanlage unveränderlich, so ist die Elektrizitätsmenge dem Arbeitsverbrauch proportional. Bei Entnahme elektrischer Arbeit genügt in diesem Falle ein Zählen der Amperestunden.

31. Anforderungen an die Herstellung der Stromleitungen. Von einer Stromleitung wird im wesentlichen verlangt, daß sie gut leitet und gut isoliert ist. Das erstere bezweckt die Vermeidung übermäßig großer Arbeitsverluste in den Leitungen und wird erreicht durch Herstellung der Stromleitungen aus gut leitenden und genügend dicken Kupferdrähten. Die Isolierung der Leitungen ist notwendig, damit der Strom seinen Weg durch die Leitungen nimmt und Stromentweichungen in andere mehr oder weniger gut leitende Körper, z. B. feuchte Mauern, Gas- und Wasserrohre, vermieden werden. Zur Leitungsisolierung dienen isolierende Umhüllungen der Drähte und die Befestigung der Leitungen auf isolierenden Unterlagen, auf Isolierglocken, Porzellanrollen u. dgl.

32. Isolationsprüfung. Die Isolationsprüfung besteht im Messen des aus der Leitung in die Erde, in feuchte

Mauern, in an der Leitung anliegende Metallgegenstände usw. entweichenden Stromes. Da der im Meßapparat auftretende Strom zu dem zwischen den Leitungen und der Erde auftretenden Übergangswiderstand proportional ist, so kann der Meßapparat statt zum Ablesen der Stromstärke zur unmittelbaren Angabe des Isolationswiderstandes eingerichtet sein. Das Verfahren bei der Isolationsprüfung ist durch Fig. 4 dargestellt. Eine Stromquelle wird einerseits an Erde gelegt, d. h. bei *a* mit einer benachbarten Gas- oder Wasserleitung verbunden, und andererseits an die Klemme *b* des Meßapparates *V* angeschlossen. Wird dann von der anderen Klemme *c* des Meßapparates aus ein Draht nach der zu untersuchenden Leitung *de* gezogen, so ist der Stromkreis *abcd* durch die den Isolationsfehler verursachende Erdschlußstrecke *xy* geschlossen und die auftretende Stromstärke durch deren Widerstand bedingt. Erdschluß entsteht z. B., wenn die Lichtleitung *de* an einer feuchten Mauer anliegt. Durch die Isolationsmessung wird der durch die feuchte Mauer vermittelte Übergangswiderstand zwischen der Leitung *de* und der Gas- oder Wasserleitung festgestellt.

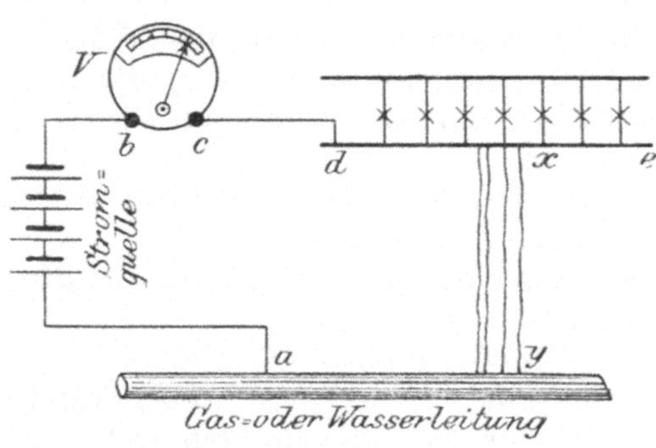

Fig. 4.

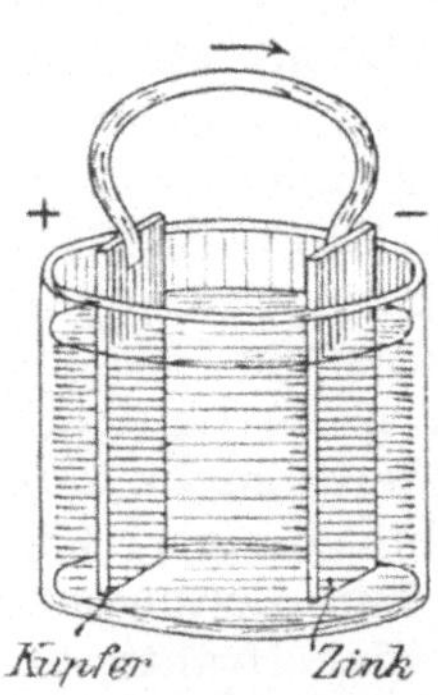

Fig. 5.

33. Stromrichtung und Polbezeichnung. Gedacht sei ein galvanisches Element, hergestellt durch Eintauchen einer Kupfer- und einer Zinkplatte in verdünnte Schwefelsäure (Fig. 5). Der Kupferpol stellt die positive (+), der Zinkpol die negative (—) Elementklemme dar. Verbindet man diese Klemmen durch einen Draht, so wird derselbe in der Richtung des in Fig. 5 angegebenen Pfeils vom Strom durchflossen.

Die Stromrichtung in einem Draht kann durch dessen Wirkung auf eine Magnetnadel festgestellt werden. Wie Fig. 6 andeutet, wird der Nordpol einer unter die Leitung gehaltenen Magnetnadel nach links abgelenkt, wenn sich der Beobachter in der Stromrichtung schwimmend denkt, das Gesicht der Nadel zugekehrt.

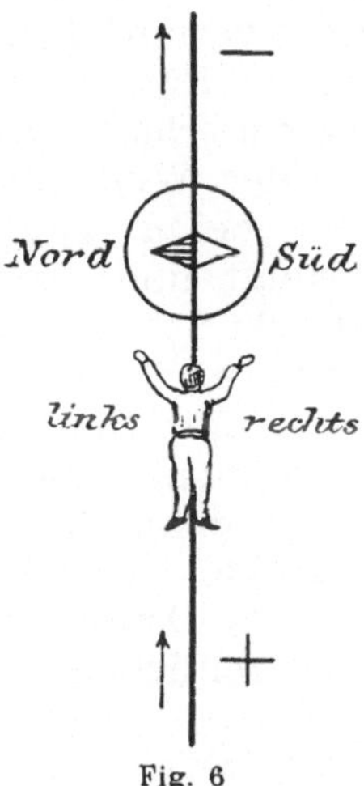

Fig. 6

An Stromerzeugern wird derjenige Pol als positiv (+) bezeichnet, von welchem der Strom ausgehend den äußeren Stromkreis durchfließt. Der entgegengesetzte Pol ist der negative (—).

An den für Aufnahme elektrischen Stromes bestimmten Apparaten, als Lampen u. dgl., wird diejenige Klemme mit + bezeichnet, welche mit dem + Pol des Stromerzeugers oder der zugehörigen Leitung zu verbinden ist. Der Stromeintritt in den Apparat erfolgt demnach an der mit + bezeichneten Klemme.

In Wechselstromanlagen fehlen wegen des vorhandenen fortwährenden Wechsels der Stromrichtung die Klemmenbezeichnungen. Hier sind unter Umständen die bei Parallelschaltung miteinander zu verbindenden, gleicher Phase angehörigen Klemmen mit gleichen Buchstaben bezeichnet.

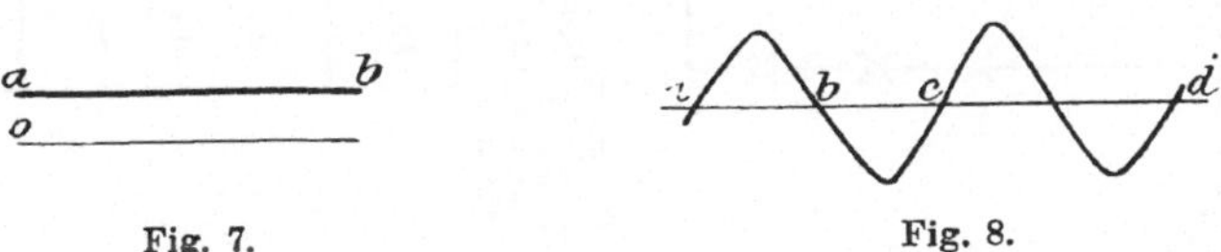

Fig. 7. Fig. 8.

34. Gleichstrom. Der Strom fließt in stets gleicher Richtung und bei gleichbleibendem Widerstand des Stromkreises in gleicher Stärke, läßt sich sonach durch eine Gerade *ab* (Fig. 7) darstellen.

35. Wechselstrom. Der Strom wechselt in kurzen Zeiträumen, bei den in Deutschland gebauten Maschinen meist 100mal in der Sekunde, seine Richtung. Für Einphasenstrom ist dies in Fig. 8 durch die den Stromverlauf darstellende Wellenlinie gezeigt. Denkt man sich in Fig. 8 oberhalb der geraden Linie die positive und unterhalb die negative Stromrichtung, so ergibt sich aus der Wellenlinie *a b c d*, daß der Strom von dem Nullwert bei *a* anfangend zu einem positiven Höchstwert ansteigt und dann abfallend bei *b* den Nullwert wieder erreicht. Von da ab beginnt das gleiche Spiel auf der negativen Seite zwischen *b* und *c*. Die sich fortgesetzt, ungefähr 50mal in der Sekunde, wiederholende Welle *a c* nennt man eine Periode und die Anzahl der Perioden in der Sekunde Frequenz oder Puls. Man sagt z. B. die Maschine hat eine Frequenz gleich 50 oder 50 Pulse.

Bei Drehstrom (Dreiphasenstrom) bestehen drei in ihrer zeitlichen Folge gegeneinander verschobene, in drei Leitungen verlaufende Wechselströme. Wie in Fig. 9 dargestellt ist, geht zuerst der Strom I in a' von der — Richtung durch o in die + Richtung über, dann der Strom II bei a'' und noch später der Strom III bei a'''.

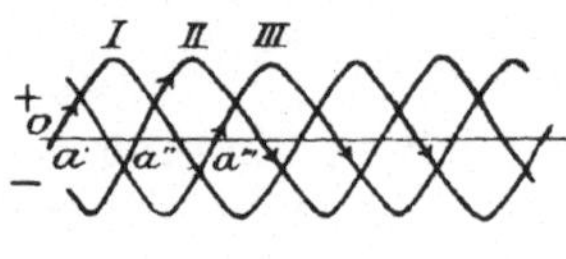

Fig. 9.

36. Gleichstrom- und Einphasenstromschaltungen.

a) Hintereinanderschaltung. Die Lampen oder anderweitigen Apparate bilden, wie Fig. 10 zeigt, eine

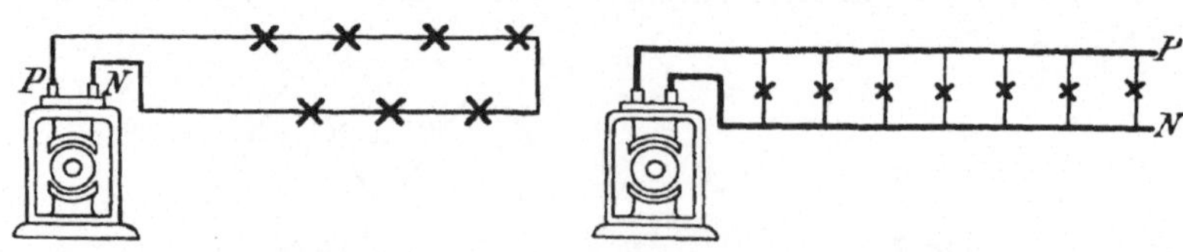

Fig. 10. Fig. 11.

ununterbrochene Reihe; die Enden der Reihe sind an die Maschinenklemmen *P* und *N* angeschlossen. Die hintereinander geschalteten Lampen werden von gleichstarkem Strom durchflossen.

b) Parallelschaltung. Die Klemmen sämtlicher Lampen sind an die gemeinschaftlichen Hauptleitungen *P* und *N* angeschlossen (Fig. 11), so daß sich der Strom aus den Hauptleitungen in die Lampen verteilt.

37. Drehstromschaltungen.

a) Dreieckschaltung. Die Lampen *x* (Fig. 12) werden unmittelbar zwischen die Leitungen *R* und *S*,

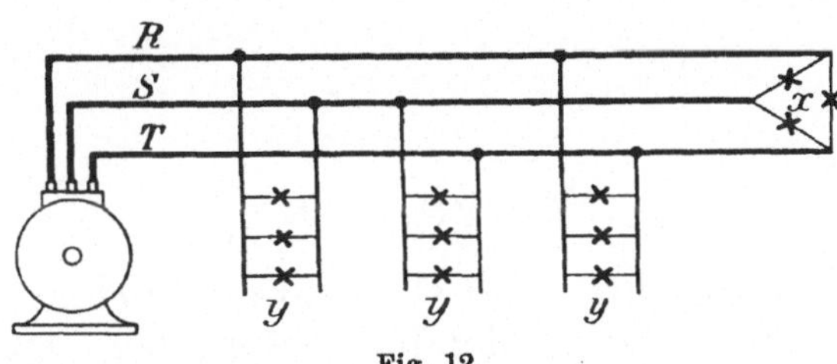

Fig. 12.

oder *S* und *T*, oder *T* und *R*, oder zwischen Abzweigungen von diesen Leitungen geschaltet, wie letzteres an den Lampen *y* gezeigt ist. Diese Schaltung wird für Glüh- und Bogenlampen allgemein angewendet. Die Lampen werden möglichst gleichmäßig zwischen die Leitungen verteilt, so daß die Strombelastung in den drei Hauptleitungen *R*, *S* und *T* ungefähr gleichgroß ist.

b) Sternschaltung. Die Lampen (Fig. 13) werden nur mit einer Klemme an eine der drei Hauptleitungen *R*, *S* oder *T* angeschlossen; die entgegengesetzten Klemmen von je drei Lampen werden in einem neutralen Punkt *o* vereinigt, oder es wird der neutrale Punkt zu einem

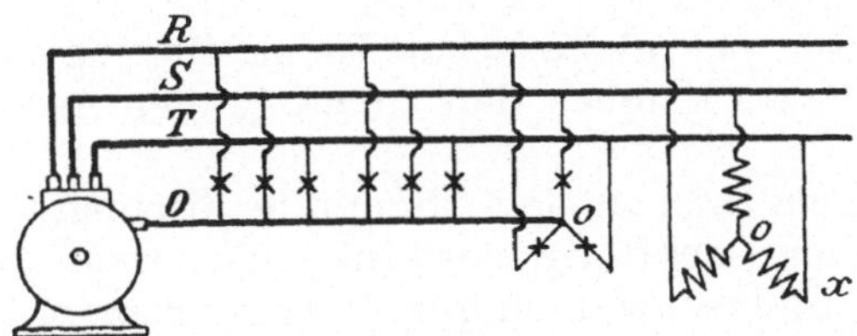

Fig. 13.

Ausgleichleiter O erweitert. Der letztere kann bis zum neutralen Punkt der Maschine oder des Transformators geführt werden.

Die Schaltung der Lampen zwischen dem neutralen Leiter, der geerdet wird, und einer der drei Drehstromleitungen ist vornehmlich für Überlandzentralen im Gebrauch. Ferner wird die Schaltung für die Drahtwickelung von Elektromotoren und Transformatoren benutzt, wie in Fig. 13 bei x angedeutet ist.

Maschinen.

38. Kraftmaschinen für Generatorantrieb. Die Wellen der größeren langsam laufenden elektrischen Generatoren werden mit denjenigen der Kraftmaschinen unmittelbar gekuppelt. Generatoren für kleinere Leistungen haben im allgemeinen eine höhere Umlaufzahl als die Kraftmaschinen, so daß dann Riemenantrieb angewendet wird. Dampfturbinen, denen sehr hohe Umlaufzahl eigen ist, werden mit den Generatorwellen unmittelbar gekuppelt.

Für Lichtbetriebe ist gleichmäßiger Gang der Kraftmaschinen erste Bedingung. Sollen Kraftmaschinen zum Antrieb elektrischer Generatoren und gleichzeitig für anderweitige Kraftabgabe dienen, so muß untersucht werden, ob die für den Antrieb der elektrischen Generatoren erforderliche Leistung noch zur Verfügung steht, und ob bei elektrischer Lichtlieferung die Gleichförmigkeit des Antriebes den zu stellenden Anforderungen genügt.

Zum Generatorantrieb dienende Riemen müssen an den Stoßstellen sorgfältig verleimt sein, wenn die Riemenstöße nicht Lichtschwankungen verursachen sollen.

39. Aufstellung der Maschinen. Bei der Wahl des Aufstellungsortes für Kraftmaschinen zum Betrieb elektrischer Generatoren ist zu beachten, daß Geräusche und Erschütterungen durch die Kolbenstöße der Dampfmaschinen, durch den Auspuff der Explosionsmotoren usw.

unvermeidbar sind. Der Aufstellungsort ist daher derart zu wählen, daß die Nachbarschaft der Maschinenanlagen durch Geräusch nicht belästigt wird. Erforderlichenfalls muß durch geeignete Anordnung der Fundamente, schalldämpfende Filzunterlagen, durch zweckentsprechende Auspuffeinrichtungen für Explosionsmotoren und dergleichen für Verminderung der Geräusche gesorgt werden.

Der Raum für die Maschinenaufstellung soll dem Tageslicht reichlichen Zutritt gewähren und gut gelüftet sein. Ferner muß das Wärterpersonal alle Teile der Anlage bequem erreichen können. Enge Räume verhindern eine gute Unterhaltung der Maschinen.

Die vom Betrieb der elektrischen Maschinen selbst herrührenden Geräusche sind infolge der nur rotierenden Bewegungen so gering, daß weitgehenden Anforderungen an die Ruhe des Betriebs Genüge geleistet werden kann. Immerhin können in Wohnhäusern aufgestellte Elektromotoren durch die Schwingungen des Magnetismus (pfeifender Ton), durch das Luftgeräusch (Sausen) der umlaufenden Teile und durch den kreischenden Ton der Kohlebürsten störend wirken. Vorbeugungsmaßnahmen in dieser Hinsicht bestehen in der Anwendung schalldämpfender Einrichtungen (Filzunterlagen u. dgl.), in der Wahl geeigneter Maschinenkonstruktionen (langsam laufende und gekapselte Maschinen), ferner in der Herstellung eines die Maschine umgebenden Schutzkastens. Bei Maßnahmen letzterer Art ist dafür zu sorgen, daß die mangelnde Luftkühlung keine übermäßige Erwärmung der Maschine verursacht. Um die Erfüllung dahingehender Anforderungen zu ermöglichen, müssen bei der Auftragserteilung entsprechende Wünsche geäußert werden.

40. Stromerzeugende Maschine (Generator).

a) Gleichstrommaschine. Dieselbe besitzt feststehende Magnete *M* (Fig. 14) mit den Polschuhen *S* und *N* und einen umlaufenden Anker *A*. In letzterem wird die elektrische Spannung erzeugt. Um aus dem Anker Gleichstrom zu entnehmen, ist derselbe mit dem Kommutator *c* verbunden, auf dem die Stromabnehmerbürsten *b* schleifen. Die Magnete *M* sind sog. Elektromagnete, d. h. Eisenkerne, die mit isoliertem Draht umwickelt sind. Dadurch, daß diese Drahtumwickelungen (Magnetspulen) vom Strom durchflossen werden, erhalten die Eisenkerne ihre magnetische Eigenschaft.

b) Wechselstrommaschine. Bei der Wechselstrommaschine sind, im Gegensatz zur Gleichstrommaschine, meistens die Magnete mit der umlaufenden Maschinenwelle verbunden, während der Anker stillsteht. Dies ist in Fig. 15 für eine Einphasenstrommaschine schematisch angedeutet. Den hier mit der Maschinenwelle sich drehenden Magneten *M* wird mit Hilfe der Schleifringe *r* Gleichstrom von einer anderweitigen Stromquelle aus zu-

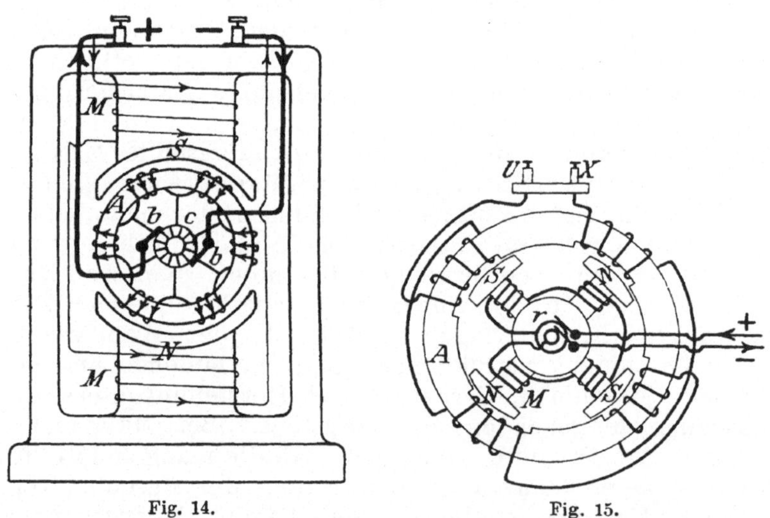

Fig. 14. Fig. 15.

geführt. Die Schaltung ist derart, daß die aufeinanderfolgenden Magnete entgegengesetztes Polzeichen besitzen. Durch die Drehung der Magnete entsteht in den Drahtspulen des Ankers *A* elektrische Spannung, und zwar bei Bewegung der Magnete gegen die Ankerspulen in der einen und bei der Bewegung von den Ankerspulen weg in der anderen Richtung, woraus sich der in Fig. 8 durch eine Wellenlinie dargestellte Stromverlauf ergibt. Der in den Ankerspulen entstehende Strom wird den Maschinenklemmen *U X* und von diesen aus dem äußeren Stromkreis zugeführt.

Da bei der Wechselstrommaschine der für die Speisung der Magnete *M* (Fig. 15) erforderliche Gleichstrom, der sog. Erregerstrom, nicht von den Maschinenklemmen abgenommen werden kann, so wird mit der Welle der Wechselstrommaschine eine besondere Erregermaschine (eine Gleichstrommaschine) gekuppelt, oder der erforderliche Gleichstrom wird anderweitig erzeugt.

Bei der Drehstrommaschine, die im Prinzip mit der Einphasenstrommaschine übereinstimmend gebaut ist, wird durch entsprechende Spulenschaltung die in Fig. 9 dargestellte Aufeinanderfolge von drei Wechselströmen erreicht. Zur Entnahme dieser Ströme hat die Drehstrommaschine drei Klemmen.

41. Elektromotor. Im Gegensatz zur stromerzeugenden Maschine wird dem Elektromotor elektrischer Strom zugeführt. Die von der Welle des Motors ausgeübte mechanische Kraftäußerung wird durch die gegenseitige Wirkung der in dem feststehenden und beweglichen Teil der Maschine verlaufenden Ströme hervorgerufen.

a) Gleichstrommotor. Je nach den an den Motor gestellten Anforderungen kommen verschiedenartige Magnetschaltungen in Anwendung, von denen die gebräuchlichsten nachstehend angegeben sind:

In Fig. 16 ist ein Hauptstrommotor dargestellt. *W* bezeichnet den in die Stromzuleitung eingeschalteten

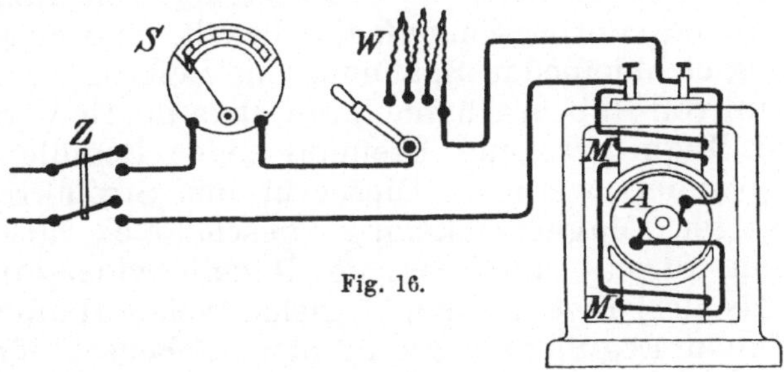

Fig. 16.

Anlasser, *S* stellt den Stromzeiger und *Z* einen zweipoligen Schalter dar. Dieser Motor, bei welchem die Magnetwickelung *M* und die Ankerwickelung *A* hintereinander geschaltet sind und demzufolge von gleichstarkem Strom durchflossen werden, besitzt in höherem Grade als der nachstehend beschriebene Nebenschlußmotor die Eigenschaft, mit Überlastung anzugehen. Er unterliegt aber bei wechselnder Belastung großen Schwankungen in der Umlaufzahl, die mit steigender Belastung abnimmt. Um die Umlaufzahl des Motors zu regeln, wird in den zugehörigen Stromkreis ein Regulierwiderstand geschaltet. Die Hauptstrommotoren werden hauptsächlich angewendet, wenn ein Anlaufen unter großer Zugkraft, wie z. B. beim Betrieb von Straßenbahnwagen und Kränen, verlangt wird.

Beim Nebenschlußmotor (Fig. 17) ist die aus dünnem Draht bestehende Wickelung der Magnete *M* gesondert von den Hauptleitungen abgezweigt. Der Nebenschlußmotor besitzt die für viele Zwecke schätzenswerte Eigenschaft, daß er auch bei wechselnder Belastung eine nahezu unveränderte Umlaufzahl behält; vorausgesetzt ist dabei gleichbleibende Spannung im Leitungsnetz. Die Umlaufzahl von Nebenschlußmotoren kann durch Verstellen eines die Magneterregung beeinflussendeu Regulierwiderstandes geändert werden. Dieser in den Stromkreis der dünndrähtigen Magnetwickelung geschaltete, also von schwachem Strom durchflossene Regulierwiderstand ist kleiner, als derjenige für einen gleichgroßen Hauptstrommotor. Die im Regulierwiderstand eines Nebenschlußmotors auftretenden Arbeitsverluste fallen daher weniger ins Gewicht als die Verluste im Regulierwiderstand eines Hauptstrommotors.

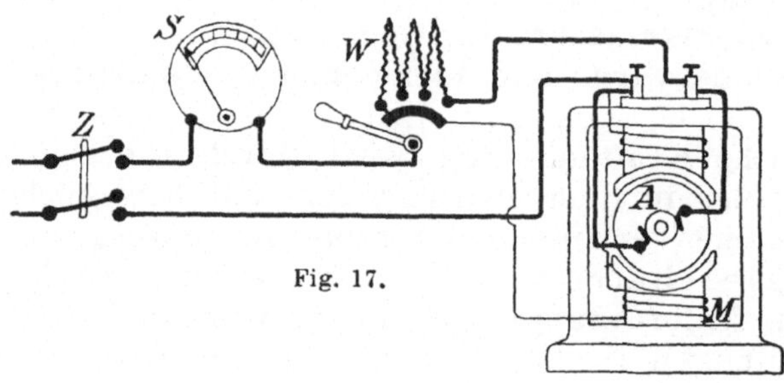

Fig. 17.

Zum Zweck des Ingangsetzens eines Motors wird der Stromkreis durch den Schalter *Z* geschlossen und dann die Kurbel des Anlassers *W* allmählich in die Endstellung verschoben, so daß die Anlasserkurbel in der Endstellung steht, wenn der Motor die volle Umlaufzahl erreicht hat. Beim Abstellen des Motors wird die Anlasserkurbel in der entgegengesetzten Richtung zurückgeschoben, ohne daß man abwartet, bis der Motor infolge der mittelst des Anlassers bewirkten Widerstandseinschaltung seine Umlaufzahl vermindert.

b) Wechselstrommotor. Für Einphasenstrom und Drehstrom kommen, wenn die Umlaufzahl des Motors nicht regelbar sein soll, meistens Induktionsmotoren in Anwendung. Der umlaufende Teil derselben, der Anker, besitzt entweder in sich geschlossene Windungen, oder die Windungen endigen in Schleifringen, deren Bürsten mit einem Anlasser *W* (Fig. 18) verbunden werden. Die Ankerwickelung hat hier keine Verbindung mit dem Leitungsnetz, die Stromaufnahme des Ankers erfolgt vielmehr durch Transformatorwirkung (vgl. 46). Die Einphasenkommutatormotoren sind ähnlich wie Gleichstrommotoren gebaut.

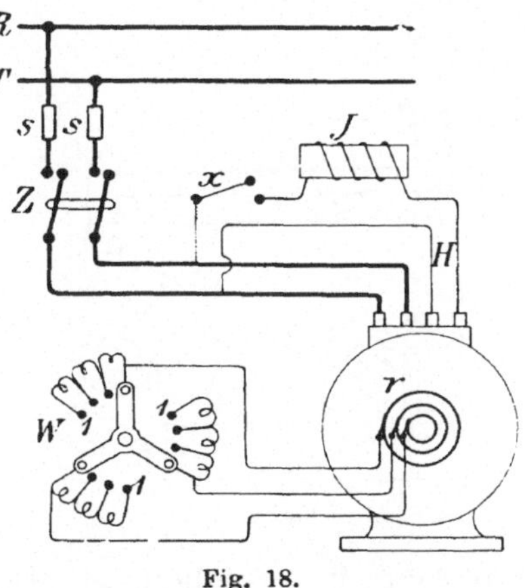

Fig. 18.

In Fig. 18 ist der Anschluß eines Einphasenmotors schematisch dargestellt. Es bezeichnet *s* die Sicherungen, *Z* den Hauptschalter, *r* die Schleifringe des Motors, *W* den Anlasser, *H* die Zuleitung für eine zum Ingangsetzen des Motors erforderliche Hilfswickelung mit zugehöriger Induktionsspule *J* und einem Schalter *x*. Die Anlaßapparate sind in der Regel derart konstruiert, daß die Reihenfolge der Schaltungen zwangläufig eingehalten wird. Diese Motoren besitzen nur geringe Anlaufzugkraft. Um das Anlassen im Leerlauf zu ermöglichen, werden die Motoren mit Los- und Leerscheibe oder anderweitigen Kuppelungsvorrichtungen versehen. Wegen ihrer geringen Anlaufkraft lassen sich Einphasen - Induktionsmotoren nicht anwenden, wenn die Motoren, wie bei Aufzügen, mit großer Zugkraft anlaufen sollen. Ist große Anlaufzugkraft verlangt, so kommen Kommutatormotoren in Anwendung, und zwar je nach Art der Anlage entweder solche, die als Kommutatormotoren anlaufen und nach entsprechender Umschaltung als Induktionsmotoren weiterlaufen, oder solche, die auch bei normalem Lauf als Kommutatormotoren betrieben werden.

Fig. 19 stellt einen Drehstrommotor dar, dessen Anker mit Schleifringen zum Zwecke des Anschlusses an den

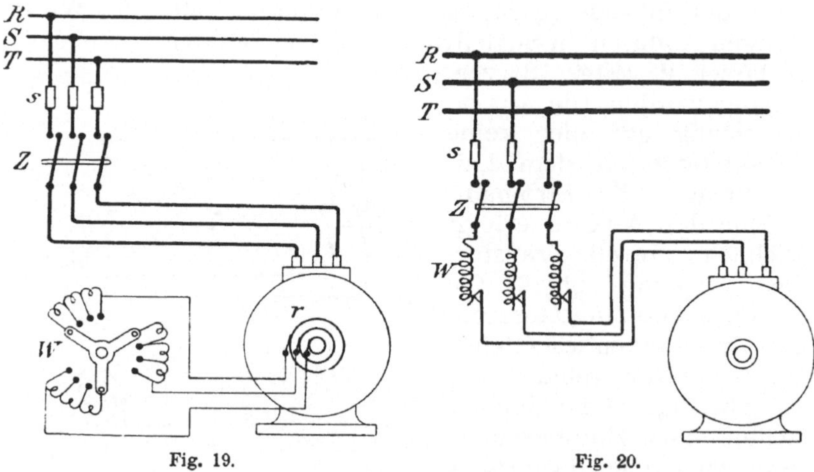

Fig. 19. Fig. 20.

Anlasser *W* versehen ist. Beim Anlassen des Motors muß vor dem Schließen des Hauptschalters *Z* die Schaltkurbel des Anlassers *W* in die in der Figur gezeigte Endstellung gebracht sein. Während des Anlaufes wird die Kurbel allmählich in die entgegengesetzte Endstellung nach rechts verschoben. Ausgeschaltet wird der Motor durch Öffnen des Hauptschalters *Z*.

Die Drehstrommotoren mit Kurzschlußanker (Fig. 20), deren Ankerwickelung in sich geschlossen und nicht mit Schleifringen versehen ist, zeichnen sich durch Einfachheit in der Bedienung aus. Das Anlassen und Abstellen des Motors ist unmittelbar mit Hilfe eines Schalters möglich. Der in Fig. 20 angegebene, in die Stromzuleitungen eingebaute Anlasser *W* ist für das Anlassen des Motors an und für sich nicht notwendig, er hat aber den Zweck, den Stromstoß beim Anlassen des Motors und damit die Spannungsschwankungen im Leitungsnetz zu verringern. Wegen des beim Ingangsetzen dieser Motoren auftretenden starken Stromstoßes können dieselben nur bis zu Leistungen angewendet werden, bei denen die Spannung im Leitungsnetz durch das Anlassen der Motoren nicht zu sehr beeinflußt wird. Die Motoren mit Kurzschlußanker sind nicht imstande, beim Ingangsetzen so stark anzuziehen wie die Motoren mit Anlasser im Ankerstromkreis; sie sind daher nur anwendbar, wenn sie unter geringer Belastung anlaufen können. Ist ein Anlasser *W* (Fig. 20) vorhanden, so sind behufs Ingangsetzens des Motors die Anlaßwiderstände nach dem Schließen des Schalters *Z* allmählich auszuschalten. Ist kein Anlasser vorhanden, so erfolgt das An- und Abstellen des Motors lediglich durch das Schließen und Öffnen des Schalters. Unter Umständen werden Anlaßtransformatoren verwendet, um Stromstößen auf das Leitungsnetz beim Motoranlassen vorzubeugen.

Drehstrommotoren mit in den umlaufenden Anker eingebauter Anlaßvorrichtung vereinigen die Vorteile des Anlaufens unter Belastung mit denjenigen einfachster Bedienung. Das Schalten der Anlaßvorrichtung nach erreichter Umlaufzahl erfolgt selbsttätig. Derartige Motoren werden lediglich durch Schließen des Schalters *Z* (Fig. 19 und 20) angelassen und durch Öffnen des Schalters abgestellt.

Um Drehstrommotoren in der Umlaufzahl zu regeln, werden Widerstände in den Ankerstromkreis geschaltet, wie in Fig. 19 angegeben ist. Diese Widerstände müssen, abweichend von den nur für vorübergehende Belastung hergestellten Anlaßwiderständen, für dauernde Strombelastung bemessen sein. Durch das Einschalten solcher Widerstände wird der Wirkungsgrad der Motoren verringert. Als Induktionsmotoren gebaute Einphasenmotoren lassen sich durch Regulierwiderstände in der Umlaufzahl nicht regeln.

Die Wechselstrom-Induktionsmotoren, sowohl für Einphasen- wie für Drehstrom, haben den Charakter des Nebenschlußgleichstrommotors (Fig. 17), indem sie nahezu gleichbleibende Umlaufzahl bei wechselnder Belastung besitzen. Die Wechselstromkommutatormotoren haben in der Regel den Charakter des Hauptstrommotors für Gleichstrom (Fig. 16), indem die Umlaufzahl mit steigender Belastung stark sinkt. Wird die bei Wechselstromkommutatormotoren erreichbare große Anlauf-Zugkraft gewünscht, während bei normalem Lauf gleichbleibende Umlaufzahl verlangt wird, so wird der mit Kommutator ausgerüstete Motor beim Anlauf als Kommutatormotor geschaltet und hiernach durch Umschalten als Induktionsmotor betrieben. Auch werden Wechselstromkommutatormotoren so gebaut, daß sie den Charakter von Nebenschlußmotoren für Gleichstrom (Fig. 17) haben.

c) Betriebskosten. Die im Elektromotor bei der Umsetzung von elektrischer in mechanische Leistung entstehenden Verluste betragen je nach der Größe des Motors 10—30 %. Der hiernach sich ergebende Verbrauch verschieden starker Motoren ist in der Betriebskosten-Tabelle (vgl. 2 b) berechnet.

Vergleicht man die stündlichen Betriebskosten eines Elektromotors bei dem für den Strombezug aus einem Elektrizitätswerk für Kleinkonsumenten in Frage kommenden Preis der Kilowattstunde von 15—20 Pf. mit den Kosten der übrigen Kraftmaschinen, z. B. mit denjenigen der Gasmotoren unter Zugrundelegung der in Städten üblichen Gaspreise, so ergibt sich unter der Annahme, daß beide unter normaler Leistung gleich lange im Betrieb bleiben, ein für den Elektromotor ungünstiges Verhältnis. Anders verhält es sich bei Betrieben mit Belastungsschwankungen oder mit nur zeitweise beanspruchter Kraftabgabe. In diesen die Regel bildenden Fällen macht sich die Eigenschaft des Elektromotors geltend, daß sein Verbrauch der Kraftabgabe annähernd proportional ist, auch das An- und Abstellen des Motors mühelos geschehen kann und dadurch die Stromentnahme zeitweise ganz vermieden wird. Alle übrigen Kraftmaschinen können den Schwankungen in der Kraftentnahme nicht so weitgehend angepaßt werden, so daß der Elektromotor trotz verhältnismäßig hohen Strompreises meist wirtschaftlicher arbeitet. Dazu kommen der geringe Raumbedarf für die Aufstellung des Elektromotors und die billige Anschaffung, auch das Fortfallen fast jeglicher Bedienung.

Noch weitergehende Vorzüge bietet Elektromotorenbetrieb für Großkonsumenten der Elektrizitätswerke bei Strompreisen unter 10 Pf. die Kilowattstunde.

d) Motorkonstruktion in Abhängigkeit vom Aufstellungsort. Die Bauart der Motoren kann den durch örtliche Verhältnisse gegebenen Bedingungen in weitgehendem Maße angepaßt werden. Neben den üblichen Konstruktionen für die Aufstellung auf dem Fußboden werden Motoren für die Montierung an der Wand und an der Decke gebaut. Kleinere Motoren erfordern kein gemauertes Fundament. Im übrigen ist bei der Beschaffung von Elektromotoren außer den unter 39, letzter Absatz, aufgeführten allgemeinen Gesichtspunkten die Luftbeschaffenheit im Aufstellungsraum zu beachten. Für gut gelüftete, trockene und staubfreie Räume eignen sich alle mit dem üblich freien Luftzutritt zur Wickelung ausgeführte Motoren (offene Motoren). Ist der Aufstellungsraum auch nur wenig feucht, so muß die Wickelung offener Motoren durch Imprägnierung wasserfest gemacht sein und das Motorgestell gegen Rosten geschützt werden. Enthält die Luft mehr Feuchtigkeit, Staub, ätzende Dämpfe oder Gase, so ist ein allseitig geschlossenes Motorgehäuse (gekapselter Motor) notwendig, um die Motorwickelung vor Beschädigung zu schützen. Das in diesem Falle gegen die umgebende Luft abgeschlossene Gehäuse ist zum Bedienen des Kommutators und der Bürsten mit abgedichteten Klappen versehen. Für Räume, in denen sich explosive Gase ansammeln, werden nach eigens erprobten Grundsätzen eingekapselte Motoren und zugehörige Apparate angewendet.

Den gekapselten Motoren fehlt im Gegensatz zu offenen Motoren die Luftkühlung, die Motoren erwärmen sich daher mehr als bei offener Bauart. Zur Vermeidung übermäßiger Erwärmung darf ein gekapselter Motor im Dauerbetrieb nicht so hoch belastet werden, wie ein gleichgroßer offener Motor. Dies bedingt, daß derart gekapselte Motoren größer genommen werden müssen und daher teurer sind als offene Motoren.

Soll für einen gekapselten Motor eine von der unmittelbaren Umgebung des Motors unabhängige Luftkühlung erreicht werden, so erhält das geschlossene Gehäuse Flanschen für Rohranschlüsse. An die Flanschen werden Rohre für die zu- und abströmende Luft angeschlossen, um eine Verbindung des Gehäuse-Innern mit der zur Motorkühlung geeigneten Außenluft herzustellen. Die erforderliche Ventilatorwirkung wird vom umlaufenden Motor besorgt. In solcher Weise gekühlte Motoren brauchen nicht größer genommen zu werden als offene Motoren. Gleiches gilt, wenn die Kapselung eines Motors lediglich zum Zweck mechanischen Schutzes ausgeführt und dann mit Ventilationsöffnungen versehen ist.

e) Anordnung des Antriebes der Arbeitsmaschinen. Die Eigenschaft des Elektromotors, sich dem Kraftbedarf anzupassen, läßt es zweckmäßig erscheinen, beim Betrieb einer größeren Zahl von Arbeitsmaschinen für jede einen gesonderten Motor anzuwenden (Einzelantrieb) oder kleinere Gruppen von Arbeitsmaschinen zu bilden, welche durch je einen Motor mittelst einer Transmission angetrieben werden (Gruppenantrieb). Auf alle Fälle sollte man die Anwendung ausgedehnter, große Arbeitsverluste verursachender Transmissionen vermeiden. Die Frage, ob besser Einzel- oder Gruppenantrieb angewendet wird, ist unter Zugrundelegung der jeweiligen Verhältnisse zu erörtert und kann daher im nachstehenden nur im allgemeinen besprochen werden.

Einzelantrieb bietet den Vorteil, daß jede Maschine für sich an- und abgestellt werden kann. Durch das Fehlen von Transmissionen werden die Anlagen einfacher und übersichtlicher, den Arbeitsplätzen wird durch sonst notwendige Riemen kein Licht entzogen. Infolge des Fortfallens schwerer Transmissionen kann das Gebäude leichter und billiger hergestellt werden. Nachteilig ist bei Einzelantrieb, daß bei Anwendung kleiner Motoren der Wirkungsgrad etwas verringert wird. Einzelantrieb kommt zur Geltung bei in längeren Zwischenräumen auftretendem, kurz dauernden Kraftbedarf, wenn die Arbeitsmaschinen sehr schnell laufen, der Kraftverbrauch und die Umlaufzahl wechseln, wenn die Arbeitsmaschinen vereinzelt stehen oder transportabel sind. Einzelantrieb kommt ausschließlich in Frage, wenn ein möglichst gleichmäßiger Betrieb der Arbeitsmaschinen verlangt wird. Mit rasch laufenden Arbeitsmaschinen werden die Motoren in der Regel direkt gekuppelt. Für langsamer laufende Arbeitsmaschinen müssen Zwischengetriebe angewendet werden, weil zur direkten Kupplung geeignete Motoren zu groß und zu teuer würden. Als Zwischengetriebe dienen Zahnräder oder Riemen. Will man bei Riemenantrieb kleinere Motoren mit den Arbeitsmaschinen in einem Gestell vereinigen, so läßt sich die Anwendung kurzer Riemen durch federnd angeordnete Vorgelege und Riemenspannrollen erreichen.

Gruppenantrieb stellt sich in den Anschaffungskosten für den einen größeren Motor, an Stelle mehrerer kleiner Motoren, billiger als Einzelantrieb. Auch die Betriebskosten können bei Gruppenantrieb trotz der im Vergleich zum Einzelantrieb hinzukommenden Arbeitsverluste in der Transmission geringer sein, wenn diese Verluste durch den höheren Wirkungsgrad des großen Elektromotors aufgewogen werden. Dies ist aber nur möglich, wenn die Transmissionen nicht zu lang sind. Inwieweit der Wirkungsgrad größerer Motoren demjenigen kleiner Motoren überlegen ist, ergibt sich aus der Betriebskostentabelle (S. 6), nach welcher z. B. die stündlichen Kosten bei dem Grundpreis von 20 Pf. für den einpferdigen Motor 20 Pf. und für den zehnpferdigen Motor nur Mk. 1,64 betragen. Die Leistung des Motors ist tunlichst so zu wählen, daß er bei der am häufigsten vorkommenden Belastung den günstigsten Wirkungsgrad hat. Dabei können kürzer dauernde höhere Belastungen, bei denen der Motor weniger vorteilhaft arbeitet, sehr wohl in den Kauf genommen werden, solange der Motor durch die Überlastung nicht Schaden leidet. Gruppenantrieb ist angebracht, wenn die in eine Gruppe zu vereinigenden Arbeitsmaschinen entweder dauernd annähernd normal belastet sind, oder wenn bei wechselnder Beanspruchung der einzelnen Arbeitsmaschinen die gesamte Kraftentnahme in gewissen Grenzen gleichmäßig ist, indem sich der Kraftverbrauch durch die verschiedene Beanspruchung der einzelnen Arbeitsmaschinen ausgleicht.

42. Normalien für die Maschinenleistung. Die in Deutschland von gut eingerichteten Fabriken für den inländischen Verkauf gebauten Maschinen sind ausnahmslos nach den vom Verband Deutscher Elektrotechniker angenommenen „Normalien für Bewertung und Prüfung von elektrischen Maschinen und Transformatoren“ [1]) bemessen. Die diesen Normalien entsprechenden Leistungen sind auf dem sog. Leistungsschild, das auf jeder Maschine angebracht ist, verzeichnet. Sonach kann damit gerechnet werden, daß man von den verschiedenen Fabriken in elektrotechnischer Hinsicht ungefähr gleichwertige Fabrikate erhält.

Auf dem Leistungsschild der Maschinen und Transformatoren ist angegeben bei Gleichstrom die Leistung in Kilowatt (kW), bei Wechselstrom die Leistung in Kilovoltampere (kVA) mit Angabe des geringsten zulässigen Leistungsfaktors — der Leistungsfaktor ist der Zahlenwert mit dem bei Wechselstrommaschinen das Produkt aus Stromstärke und Spannung multipliziert werden muß, um die Leistung in Kilowatt zu erhalten — ; die mechanische Leistung von Motoren ist in Pferdestärken (PS) angegeben. Außerdem sind angegeben die normalen Werte der Umlaufzahl und bei Wechselstrommaschinen die Frequenz (vgl. 35), ferner die Spannung und Stromstärke.

Da die Belastung der Maschinen und Transformatoren verschieden hoch zulässig ist, je nachdem es sich um dauernde oder um vorübergehende Beanspruchung handelt, so werden auf den Leistungsschildern die folgenden Betriebsarten unterschieden:

a) Intermittierender Betrieb, bei dem nach Minuten zählende Arbeitsperioden und Ruhepausen abwechseln, wie dies bei Motoren für Krane, Aufzüge usw. zutrifft.

---

[1]) Verlag von Julius Springer, Berlin.

Für diesen Fall ist auf dem Schild unter der Bezeichnung „intermittierend“ diejenige Leistung angegeben, die ohne Unterbrechung eine Stunde lang abgegeben werden kann, ohne daß die Temperatur der Maschine oder des Transformators den durch die vorgenannten Normalien festgesetzten Wert überschreitet.

b) Kurzzeitiger Betrieb, bei dem die Arbeitsperiode kürzer ist als nötig, um die Maschine oder den Transformator auf die Endtemperatur zu bringen, und die Ruhepause lang genug ist, damit die Temperatur wieder annähernd auf die Lufttemperatur sinken kann.

Auf dem Schild ist für eine bei der Auftragserteilung oder anderweitig vereinbarte Betriebsdauer unter der Bezeichnung „für ... Stunden“ diejenige Leistung angegeben, welche während der angegebenen Dauer ohne Überschreitung der durch die Normalien festgesetzten Temperatur abgegeben werden kann.

c) Dauerbetrieb, bei dem die Arbeitsperiode so lang ist, daß die Endtemperatur erreicht wird.

Hierfür ist auf dem Schild unter der Bezeichnung „dauernd“ diejenige Leistung angegeben, welche während beliebig langer Zeit ohne Überschreitung der zulässigen Temperatur abgegeben werden kann.

Die vorbezeichnete Unterscheidung der Betriebsarten ermöglicht ein Anpassen der Maschinen an die jeweiligen Anforderungen, indem man z. B. für intermittierenden Betrieb eine kleinere, somit billigere Maschine beschaffen kann, als wenn die gleiche Leistung während einer unbegrenzten Betriebsdauer verlangt wird.

Durch die auf dem Leistungsschild angegebenen Werte soll nicht gesagt sein, daß die bezeichnete Belastung nicht überschritten werden darf. Ein mäßiges Überschreiten der angegebenen Grenzwerte ist zulässig, solange die Durchschnittsbelastung nicht höher wird, als auf dem Leistungsschild angegeben ist.

43. Instandhaltung der elektrischen Maschine. Die Instandhaltung der elektrischen Maschine erstreckt sich im wesentlichen auf das Reinhalten sämtlicher Teile, auf sorgfältige Behandlung des Kommutators bzw. der Scheifringe und der Bürsten, ferner auf das Ölen der Lager.

Bei allen Arbeiten an den Wickelungen, am Kommutator und den Bürsten muß allpolig vom Leitungsnetz abgeschaltet werden. Nötigenfalls sind die Sicherungen herauszunehmen.

a) Reinigen. Abgesehen von dem zu verlangenden äußerlichen Reinhalten der Maschine, ist Gewicht darauf zu legen, daß der an den bewegten Maschinenteilen sich festsetzende Staub, der unter Umständen mit von den Bürsten herrührenden Kupferteilchen untermengt ist, rechtzeitig beseitigt wird. Anderenfalls kann ein die Maschine gefährdender Stromübergang entstehen. Zum Abstauben von Maschinenteilen, die schwer zu erreichen sind, bedient man sich eines Staubpinsels und eines Blasebalges oder bei größeren Anlagen eines mechanisch angetriebenen Gebläses.

b) Kommutator bzw. Schleifringe sind von Staub und Schmutz frei zu halten. Besondere Sorgfalt ist dem Kommutator, einem der empfindlichsten Maschinenteile, zu schenken. Nur mit einem glatten, gut laufenden Kommutator ist ein funkenloser Betrieb möglich.

An einem neuen, gut laufenden Kommutator sollen Schleifmittel, Glaspapier usw. nicht angewendet werden, weil der Kommutator durch ungleichmäßiges Abschleifen unrund wird und dadurch Funkenbildung entsteht. Jedesmalig vor der Inbetriebnahme einer Maschine ist der gut gereinigte Kommutator leicht einzuölen oder einzufetten. Bei Anwendung von Metallbürsten geschieht das erstere, indem man den umlaufenden Kommutator mit einem reinen, mit säurefreiem Öl getränkten Lappen überstreicht und mit einem reinen trockenen Tuch nachreibt. Bei Maschinen mit Kohlebürsten wird in gleicher Weise unter Anwendung von Vaseline verfahren. Hierdurch bezweckt man, einem Fressen der Bürsten auf dem Kommutator vorzubeugen. Während des Betriebes wird der Kommutator zeitweise mit einem reinen, mit Benzin angefeuchteten Tuch gereinigt und dann, wie vorstehend angegeben, von neuem geölt oder eingefettet. Für diese Arbeiten sind nichtfasernde Tücher erforderlich. Im übrigen beachte man die von dem Lieferanten der Maschine gegebenen Anweisungen. Das zur Kommutator-Behandlung erforderliche Öl oder die Vaseline werden am besten von dem Lieferanten der Maschine bezogen. Durch Mißgriffe in der Behandlung des Kommutators wird dessen Dauer und damit der ganze Betrieb gefährdet. Sollte durch das Einfetten oder Ölen in einzelnen Fällen eine Verstärkung der Funkenbildung eintreten, so ist dasselbe zu unterlassen.

Beim Abstellen der Maschine ist der Kommutator mit einem reinen, mit Benzin getränkten Tuch von der infolge des Einölens oder -fettens sich bildenden Schmutzschicht gründlich zu reinigen.

Die Schleifringe der Wechselstrommaschinen sind behufs Erzielung geringer Abnutzung vorstehendem entsprechend zu behandeln.

Wird ein Kommutator rauh, so ist zunächst mit einem mit Glaspapier belegten Schleifklotz abzuschleifen. Der Schleifklotz muß der Kommutatorrundung genau angepaßt sein, er darf nur mit e i n e r Lage Glaspapier, ohne Anwendung einer weichen Zwischenlage, belegt werden, weil sich nur durch eine harte Schleiffläche die vorstehenden rauhen Teile des Kommutators beseitigen lassen. Genügt die Behandlung mit dem Schleifklotz nicht, bilden sich z. B. auf dem Kommutator Riefen oder an einzelnen Kommutatorlamellen Brandflecke oder tritt starke Funkenbildung ein, die sich durch eine kleine Bürsten-Verschiebung nicht beseitigen läßt, so ist ein Fachmann zuzuziehen. Verwerflich wäre es, durch Abfeilen des Kommutators helfen zu wollen, hierdurch würde die Funkenbildung infolge des Unrundwerdens des Kommutators nur erhöht werden.

c) B ü r s t e n. Die Bürsten müssen mit genügender Kontaktfläche leicht federnd gegen den Kommutator bzw. die Schleifringe drücken. Bei zu starkem Andrücken tritt ein großer Verschleiß des Kommutators ein und erwärmen sich die Bürsten übermäßig; zu leichtes Andrücken führt zu Funkenbildung. Die Bürsten müssen so eingestellt sein, daß sich am Kommutator entweder gar keine oder nur geringe Funken zeigen, die keinesfalls einen schädlichen Einfluß auf die Kommutatorgleitfläche haben dürfen. Beim Neueinsetzen von Bürsten ist darauf zu achten, daß die den Kontakt vermittelnde vordere Fläche derselben nicht beschädigt wird. Vor dem Einsetzen der Bürsten sind die Bürstenhalter gut zu reinigen. Die Bürsten müssen gleich weit aus den Haltern vorstehen, auch müssen die Bürstenabstände auf dem Kommutatorumfang gleich groß sein. Letzteres wird durch Abzählen der zwischen den Bürsten liegenden Kommutatorlamellen geprüft. Abgesehen von kleinen Maschinen, befinden sich auf jedem Bürstenbolzen mehrere in dessen Längsrichtung verschiebbare Bürstenhalter. Dieselben müssen so eingestellt sein, daß der Kommutator gleichmäßig abgenutzt wird. Zu diesem Zweck werden die Bürsten auf zwei benachbarten verschiedenpoligen Bolzen gleichmäßig eingestellt und die Bürsten auf den folgenden Bolzenpaaren derart verschoben, daß sie den von den vorhergehenden Bürsten frei gelassenen Kommutatorstreifen überdecken. Geschieht dies nicht, so bilden sich auf dem Kommutatorumfang Riefen, die ein Ecken der Bürsten und dadurch Funkenbildung verursachen. Das Bürstenmaterial muß der Art des Kommutators angepaßt sein, für den einen Kommutator sind weichere, für den anderen härtere Bürsten vorteilhafter. Ersatzbürsten sind daher am besten von dem Lieferanten der Maschine zu beziehen. Durch ungeeignetes Bürstenmaterial wird die Betriebssicherheit einer Anlage gefährdet.

Als Stromabnehmerbürsten dienen vorwiegend Schleifkontakte aus Kohle, Kohlebürsten genannt. Metallbürsten werden im allgemeinen nur noch bei Maschinen für niedrige Spannung, wenige Volt, und gleichzeitig hohe Stromstärke angewendet.

1. *Kohlebürsten.* Gutem Einschleifen der Bürsten-Kontaktflächen ist größte Sorgfalt zu schenken. Neue Bürsten müssen vor der Inbetriebnahme der Maschine der Kommutatorrundung durch Abschleifen angepaßt werden. Zu diesem Zweck preßt man die betreffende Bürste kräftig gegen den stillstehenden Kommutator und zieht einen Streifen Glaspapier *s s* (Fig. 21), mit der rauhen Seite der Bürste zugewendet, hin und her, bis die Bürstenkontakt-

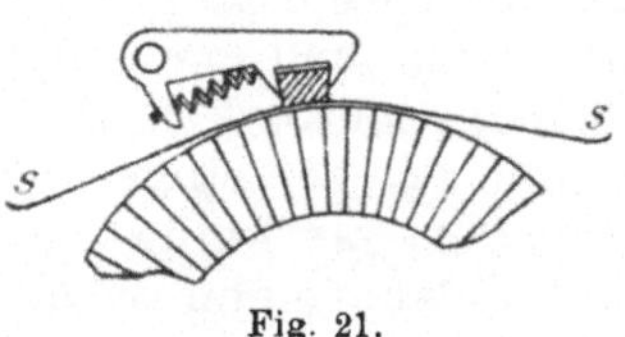

Fig. 21.

fläche dem Kommutator angepaßt ist. Nach diesem Verfahren muß die Maschine gründlich von Staub gereinigt werden. Mit derart behandelten Bürsten läßt man die Maschine behufs weiteren Einschleifens einige Zeit leer laufen. Bei der regelmäßigen Instandhaltung der Bürsten ist dafür zu sorgen, daß auf den Schleifflächen sich festsetzender Schmutz und Kupferstaub, unter Schonung der eingeschliffenen Fläche, abgewischt wird. Dies geschieht am besten unter Zuhilfenahme von Benzin.

2. *Metallbürsten.* Bei denselben ist darauf zu achten, daß nicht durch verbogene, an der Bürstengleitfläche vorstehende Teile der Kontakt mit dem Kommutator beeinträchtigt wird. Schleifen sich die Bürsten an den vorderen Teilen der Gleitfläche nicht vollständig ab, so sind die überstehenden Teile mit einer Schere oder Feile zu entfernen. Setzt sich Kupferstaub und Schmutz in den Bürsten fest, so spült man dieselben in Benzin aus. Zum Instandsetzen und Reinigen nimmt man die Bürsten am besten mit den zugehörigen Haltern von den Bolzen ab, um das Neueinstellen der Bürsten entbehrlich zu machen. Neu eingesetzte Bürsten läßt man einige Zeit bei leerlaufender Maschine einschleifen. Werden solche Bürsten ohne weiteres mit Strom belastet, so ist infolge ihrer mangelhaften Berührung mit dem Kommutator zu befürchten, daß Funkenbildung entsteht.

Bei Metallbürsten ist ein Rückwärtsdrehen der Maschine zu vermeiden. Erfolgt ein Rückwärtsdrehen, so sind die Bürsten zuvor abzuheben, um einem Verbiegen einzelner Bürstenteile durch vorstehende Kommutaturlamellen vorzubeugen.

d) Ölen. Vor dem jedesmaligen Inbetriebsetzen einer Maschine ist der Zustand der Lagerschmierung zu prüfen und sind die Ölgefäße erforderlichenfalls nachzufüllen. Bei der für elektrische Maschinen meist verwendeten Ringschmierung genügt es, die Ölbehälter allwöchentlich bis zu der die Höhe des Ölstandes angebenden Marke nachzufüllen, ferner monatlich einmal die Ölbehälter zu reinigen und mit neuem Öl zu versehen.

Sind die Lager durch längeres Stillstehen der Maschine oder durch deren Transport verschmutzt, so sind sie mit Petroleum zu reinigen und auszuspülen.

Wegen der Schmiermaterialen, der Ölsorte und der bei einigen Maschinen angewendeten Fettschmierung halte man sich an die Vorschriften der Maschinenfabrik. Am zweckmäßigsten werden diese Materialen von dem Lieferanten der Maschine bezogen.

Ein Versagen der Schmierung ist durch Einfrieren des Öles oder Fettes möglich. Daher müssen die Maschinen, insbesondere Motoren, frostfrei aufgestellt werden, wenn nicht frostbeständige Schmiermittel angewendet sind.

44. Abhilfe bei Betriebsstörungen. Hierzu ist im allgemeinen sachverständige Hilfe erforderlich. Nur in einzelnen Fällen, wovon die häufiger vorkommenden im nachstehenden angegeben sind, kann auch der Laie Abhilfe schaffen oder durch rechtzeitige Vorsichtsmaßnahmen einer weitergehenden Schädigung vorbeugen.

Gibt eine Maschine keinen Strom, oder versagt ein Elektromotor, indem er keinen Strom aufnimmt, so ist vor allem nach dem Vorhandensein einer Stromunterbrechung zu suchen. Es ist nachzusehen, ob die in Frage kommenden Schalter geschlossen sind, ob nicht etwa Sicherungen geschmolzen sind, ob alle Kontaktverschraubungen fest sind, erforderlichenfalls müssen die Schrauben nachgezogen werden, endlich ob etwa ein Drahtbruch stattgefunden hat. Die Enden abgebrochener Drähte werden auf 3—5 cm Länge von der Umspinnung befreit und blank gemacht, dann nebeneinander gelegt und mit etwa 1 mm dickem, blanken Kupferdraht auf der ganzen Länge fest umwickelt. Eine solche Verbindung kann nur im Notfall während kurzer Zeit ungelötet bleiben, für baldigste fachgemäße Herstellung der Verbindung muß gesorgt werden. Bei Motoren ist zu untersuchen, ob der Anlasser in Ordnung ist.

Bei Gleichstrommaschinen, die längere Zeit unbenutzt stehen, können sich die zwischen den Metall-Lamellen des Kommutators liegenden Isolationen über die Kontaktflächen vorschieben und dadurch eine Berührung der Bürsten mit den Metallteilen des Kommutators verhindern. Auch kommt es vor, daß für die Insolationszwischenlage verwendeter Glimmer sich weniger abnutzt, als das Kommutatormetall, und durch Überstehen den Bürstenkontakt verhindert. Etwa überstehende Isolationsteile werden mit einer Feile vorsichtig abgeschabt. Dabei ist zu vermeiden, daß durch einen Grat an den Metall-Lamellen die Isolationszwischenlagen überbrückt werden. Im übrigen wird auf 43 b verwiesen.

Starke Funkenbildung am Kommutator kann von Überlastung der Maschine oder von fehlerhafter Bürsteneinstellung (vgl. 43 c) herrühren. An der Ankerwickelung auftretende Funken werden meistens durch Kupferstaub verursacht, der durch gründliches Reinigen der Maschine zu beseitigen ist. Bleiben die versuchten Gegenmaßnahmen ohne Erfolg, so ist baldige Abhilfe durch einen Sachverständigen zu veranlassen.

Bei Wechselstrommaschinen erkennt man Kurzschlüsse einzelner Wickelungsabteilungen an ungleicher Erwärmung der Wickelung, bei Drehstrommaschinen auch an der Ungleichheit der Spannungen in den drei Stromkreisen. Größere Fehler machen sich durch brummendes Geräusch bemerkbar. Ähnliches gilt von Transformatoren. Nichtanlaufen eines Motors kann von Überlastung herrühren, bei Drehstrommotoren auch davon, daß eine der drei Leitungen etwa durch Schmelzen einer Sicherung unterbrochen ist. Bei letzterem Fehler läuft der von Hand angetriebene Motor in beliebiger Richtung mit schwacher Zugkraft. Da die Wechselstrommotoren meist mit geringem Luftspalt zwischen umlaufendem und festem Teil gebaut werden, so kann infolge Auslaufens der Lager bei ungenügender Schmierung, starkem Riemenzug u. dgl. ein Schleifen des umlaufenden Teils (Ankers) eintreten. Wie bei Gleichstrommotoren machen sich auch bei Wechselstrommotoren Fehler unter Umständen durch hohen Stromverbrauch bemerkbar.

Wird Brandgeruch an der Maschine wahrgenommen, so ist eine umgehende Außerbetriebnahme der Maschine behufs Instandsetzung erforderlich.

Transformator, Motorgenerator, Umformer.

45. Allgemeine Erläuterungen. Die von der Maschine erzeugte Spannung oder die Spannung des zur Stromentnahme verfügbaren Leitungsnetzes ist zuweilen an den Verbrauchsstellen nicht unmittelbar verwendbar, indem entweder eine höhere oder niedrigere Spannung verlangt wird. Beispielsweise ist für die Übertragung auf große Entfernung und für die Versorgung weit ausgedehnter Gebiete mit elektrischem Strom sehr hohe Spannung erforderlich, die sich für den Beleuchtungsbetrieb nicht eignet und daher an den Verbrauchsstellen in niedere Spannung umgewandelt werden muß.

Die Umwandlung von hoher in niedere Spannung und umgekehrt erfolgt bei Wechselstrom in Transformatoren. Dies sind ruhende Apparate, die im wesentlichen aus Drahtspulen mit Eisenarmierung bestehen. Bei Gleichstrom dienen dem gleichen Zweck elektrische Maschinen, von denen der eine Teil, als Motor wirkend, aus dem Leitungsnetz Strom aufnimmt, während der andere Teil, als Generator, die verlangte Stromart und Spannung erzeugt. Bei der letzteren, durch Maschinen erfolgenden Stromumwandlung unterscheidet man Motorgeneratoren, wenn es sich um gesonderte, miteinander gekuppelte Maschinen handelt, und Umformer, wenn die betreffenden Teile in ein und dieselbe, einen einzigen Anker enthaltende Maschine eingebaut sind.

46. Transformator. Die Transformatoren bestehen aus zwei gegenseitig isolierten Spulensystemen, wobei die Stromumwandlung durch die Induktionswirkung des einen dieser Systeme auf das andere erfolgt. Zur Verstärkung der Induktionswirkung sind die Spulensysteme mit aus Eisenblech hergestellten Kernen und Ummantelungen versehen. Die Wirkungsweise des Transformators besteht darin, daß z. B. das eine Spulensystem hochgespannten Strom aufnimmt und das andere niedergespannten Strom abgibt. Ein Transformator mit nebeneinanderliegenden Spulen, die abwechselnd einem

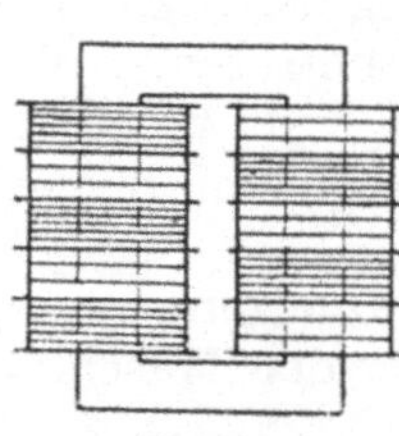

Fig. 22.

der beiden Stromkreise angehören, ist in Fig. 22 schematisch dargestellt.

Die Hochspannungstransformatoren werden an für Unberufene unzugänglichen Stellen, in sog. Transformatorsäulen oder in anderweitigen gesonderten Räumen, bei Überlandnetzen auch auf den Leitungstragstangen untergebracht. Der Strom niederer Spannung wird durch die von den Transformatoren ausgehenden Leitungen an die Verbrauchsstellen verteilt. Seltener sind die Verbrauchsstellen für sich mit Transformatoren versehen.

Auch in Niederspannungsanlagen ist eine Transformierung der Spannung erforderlich, wenn von einem Wechselstromnetz mit 110 Volt Leitungsspannung einzelne Bogenlampen für rund 50 Volt Spannung oder Gruppen einzeln auszuschaltender Bogenlampen gespeist werden sollen.

Kleine Transformatoren, welche die Lichtnetzspannung von rd. 110 Volt auf wenige Volt herabsetzen, dienen zum Betrieb von Hausklingelanlagen statt der hierfür sonst üblichen galvanischen Elemente.

47. Motorgenerator. Die Anker beider Maschinen sind auf einer gemeinsamen Welle montiert (Fig. 23) oder die Maschinenwellen sind miteinander gekuppelt. Es kommt entweder in Frage die Umwandlung von Gleichstrom, wobei eine von der zugeleiteten abweichende Spannung erzeugt wird, oder eine Umwandlung der Spannung und der Stromart; auch kann Gleichstrom in Wechselstrom oder umgekehrt Wechselstrom in Gleichstrom umgewandelt werden.

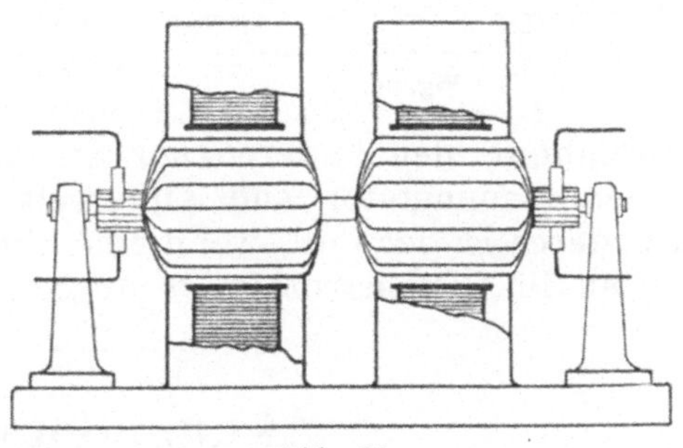

Abb. 23.

Am häufigsten ist die Anwendung von Motorgeneratoren im Akkumulatorenbetrieb, wobei die für das Laden der Akkumulatoren notwendige zusätzliche Spannung durch einen Motorgenerator, in diesem Falle Zusatzmaschine genannt, erzeugt wird.

Motorgeneratoren werden unter anderem für elektrolytische Betriebe benutzt, bei denen zum Vergolden, Versilbern, Vernickeln usw. Gleichstromspannungen von nur wenigen Volt gebraucht werden, desgleichen für ärztliche Zwecke zum Betrieb galvanokaustischer Apparate u. dgl. In letzterem Falle ist von Bedeutung, daß der Stromkreis, mit dem der Patient in Berührung kommt, vom allgemeinen Stromversorgungsnetz isoliert ist, demnach eine Gefährdung des Patienten durch Isolationsfehler im Versorgungsnetz vermieden wird.

48. Umformer. Die vorstehend beschriebene Stromumwandlung geschieht in ein und derselben Maschine und in ein und demselben Anker. Der letztere ist entweder mit gegenseitig isolierten Spulensystemen versehen, welche die Rolle der beiden Anker des Motorgenerators (vgl. 47) übernehmen, oder die Umwandlung erfolgt durch entsprechende Schaltung einer einzigen Ankerwickelung. Der Anker solcher Maschinen hat zwei Kommutatoren, den einen zur Stromaufnahme, den anderen zur Stromabgabe, oder einerseits einen Kommutator und anderseits Schleifringe (Fig. 24). Letzteres ist der Fall, wenn eine Umwandlung von Wechselstrom in Gleichstrom oder umgekehrt erfolgt.

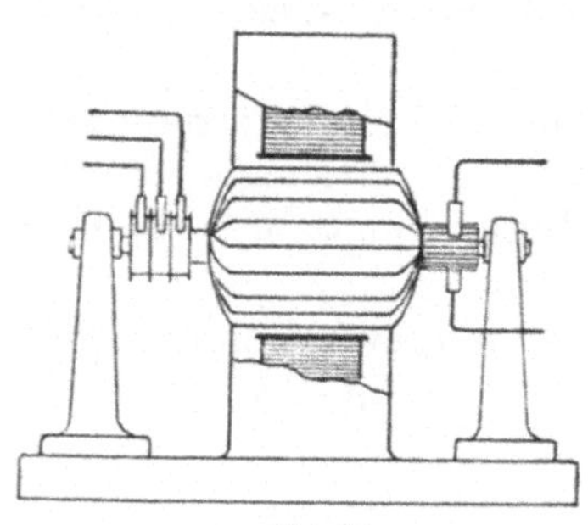

Fig. 24.

Akkumulatoren.

49. Allgemeines. Die nur für Gleichstrom anwendbaren Akkumulatoren dienen zur Aufspeicherung elektrischer Arbeit. Durch den Ladestrom wird in der Akkumulatorzelle eine chemische Umwandlung hervorgerufen, beim Entladen erzeugt der umgekehrte chemische Vorgang elektrischen Strom. Die Eigenschaft der Akkumulatoren, elektrischen Strom aufzuspeichern, wird benutzt, um die Stromerzeugungsmaschinen von den Unregelmäßigkeiten der Stromentnahme im Leitungsnetz zu entlasten. Bei geringem Verbrauch im Leitungsnetz kann der an den Betriebsmaschinen (Generatoren) vorhandene Kraftüberschuß zum Laden der Akkumulatoren verwendet werden, während umgekehrt bei steigender Netzbelastung die Akkumulatoren die Stromabgabe aus den Generatoren ergänzen. Da die Akkumulatoren auch plötzliche Schwankungen in der Stromentnahme ausgleichen, so wird durch deren Verwendung das Einhalten gleichbleibender Spannung und dadurch das ruhige Brennen der Lampen begünstigt. Die Betriebssicherheit elektrischer Anlagen wird durch richtig bemessene Akkumulatorenbatterien wesentlich erhöht, indem beim Schadhaftwerden von Maschinen die Stromentnahme auf kürzere Zeit aus den Akkumulatoren allein erfolgen kann. Ferner wird ein sparsamerer Betrieb dadurch ermöglicht, daß zur Zeit geringer Stromentnahme, z. B. während der späteren Nachtstunden, der dann kostspielige Maschinenbetrieb eingestellt und die Stromlieferung durch die Akkumulatoren allein besorgt wird.

Akkumulatoren können für den Motorbetrieb in Fabriken von großem Nutzen sein, indem es möglich ist, einzelne Arbeitsmaschinen unter Stromentnahme aus den Akkumulatoren weiterlaufen zu lassen, wenn der übrige Betrieb ruht. Es können dann große Drehbänke, die wenig Wartung erfordern, während der Vesper- und Mittagspausen, sowie nach Arbeitsschluß im Betrieb bleiben. Hierdurch wird die Ausnutzung dieser teuren Maschinen erhöht und an Fabrikationskosten gespart.

Neben den Bleiakkumulatoren sind Edisonakkumulatoren in geringem Umfange für transportable Batterien eingeführt. Die nachstehend gegebenen Regeln beziehen sich auf Bleiakkumulatoren.

a) Bleiakkumulator. Die aus Blei hergestellten Elektrodenplatten tragen die aus Bleiverbindungen bestehende aktive Masse. Für die Zellentröge kommen für kleine Batterien in der Regel Glasgefäße und für größere mit Blei ausgeschlagene Holzkästen in Anwendung. Als Elektrolytflüssigkeit dient verdünnte Schwefelsäure.

In Fig. 25 ist eine Akkumulatorzelle dargestellt. Die mit E bezeichneten Elektroden sind derart einander gegenüber angeordnet, daß eine positive (+) Platte zwischen je zwei negativen (—) Platten liegt. Die Polzeichen sind an der Farbe der Platten zu erkennen, die positiven Platten sind braun, die negativen grau. Die gleiches Polzeichen besitzenden Platten werden leitend miteinander verbunden. Die Elektroden befinden sich in dem mit verdünnter Schwefelsäure gefüllten Gefäß, sie werden durch Glas oder Holzstäbchen in geeignetem Abstand gehalten; häufig sind zwischen die Platten, in deren ganzer Ausdehnung, dünne Holztafeln eingelegt. Das Abdecken der Akkumulatorzellen mit Glasplatten soll verhindern, daß bei der gegen Ende des Ladens eintretenden Gasentwickelung erhebliche Säureverluste entstehen.

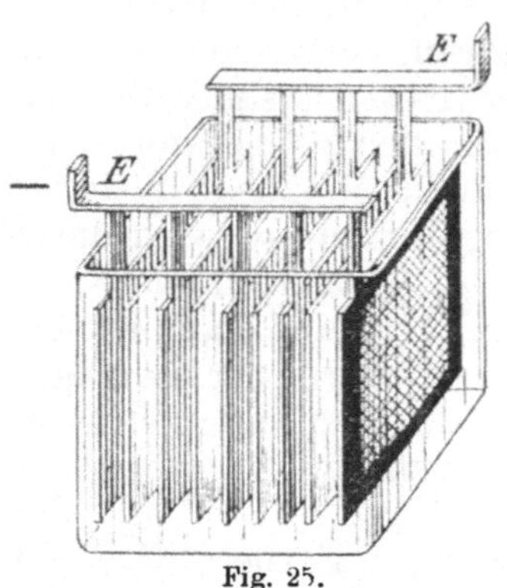

Fig. 25.

Die Spannung einer Akkumulatorzelle beträgt je nach dem Ladezustand 2—1,83 Volt. Die für die meisten Verwendungszwecke erforderliche höhere Spannung wird durch Hintereinanderschalten (vgl. 36a) einer entsprechenden Anzahl von Akkumulatorzellen erreicht. Sind z. B. 110 Volt erforderlich, so müssen 110 : 1,83 = 60 Zellen hintereinander geschaltet werden. Diese Vereinigung von Akkumulatorzellen bildet eine Batterie.

b) Edison-Akkumulator. Die von der Deutschen Edison-Akkumulatoren-Company, G. m. b. H., Berlin, gebauten Akkumulatoren sind vornehmlich für transportable Batterien bestimmt. Trog und Platten bestehen aus stark vernickeltem Eisenblech. In die Platten sind Taschen aus perforiertem Stahlblech eingesetzt, welche die aktive Masse enthalten. Die aktive Masse der positiven Platten besteht im wesentlichen aus Nickeloxyd, diejenige der negativen Platten aus einer Mischung von Eisen- und Quecksilberoxyd. Die Elektroden sind durch Hartgummi auseinander gehalten und isoliert. Als Elektrolytflüssigkeit dient 21prozentige chemisch reine Kalilauge.

Die Zellenspannung beträgt bei Beginn des Entladens 1,23 Volt und gegen Ende des Entladens 1,15 Volt. Die höchste Ladespannung ist 1,8 Volt.

50. Akkumulatorenraum. Der Raum für das Aufstellen der Akkumulatoren ist nahe beim Maschinenraum zu wählen, damit die erforderlichen vielen Verbindungsleitungen der Akkumulatorzellen mit dem in der Regel im Maschinenraum aufzustellenden Zellenschalter nicht zu lang werden. Der Akkumulatorenraum soll trocken und wenn möglich kühl, ferner gut zu lüften sein, so daß die gegen Ende des Ladens sich entwickelnden Gase abgeführt werden können. Durch geeignete Aufstellung der Batterie soll die für deren Unterhaltung wichtige Besichtigung der Zellen erleichtert werden. Die Wände und Metallteile des Batterieraumes müssen einen säurebeständigen Anstrich erhalten, der namentlich an den Metallteilen zum Schutz gegen die ätzende Wirkung der Säuredämpfe rechtzeitig zu erneuern ist. Da sich gegen Ende des Ladens der Batterie explosive Gase entwickeln, so sind offene Flammen aus dem Akkumulatorenraum fernzuhalten. Für die Beleuchtung des Akkumulatorenraumes sind nur Glühlampen mit Schutzglocken zulässig.

51. Zellenschalter. Da die Spannung der Akkumulatorzelle beim Laden von rund 2 auf rund 3 Volt steigt und beim Entladen von 2 auf rund 1,8 Volt fällt, so muß zur Erhaltung gleichbleibender Spannung im Leitungsnetz die Zahl der hintereinander geschalteten Zellen je nach deren Ladezustand gewechselt werden. Dies geschieht mit dem in einen Lade- und Entladeapparat sich gliedernden Zellenschalter ZZ' (Fig. 26). Bei dem mit allmählicher Spannungsabnahme verbundenen Entladen werden, behufs Gleichhaltens der Lampenspannung, mit dem Entladeschalter nach und nach Zellen zugeschaltet. Dagegen muß während des Ladens der Batterie die Zahl der mit dem Leitungsnetz verbundenen Zellen wegen des beim Laden eintretenden Ansteigens der

Spannung allmählich vermindert werden. Die Endzellen der Batterie, die beim Entladen weniger beansprucht werden als die übrigen Zellen, müssen während des Ladens mit Hilfe des Ladeschalters früher aus dem Ladestromkreis abgeschaltet werden.

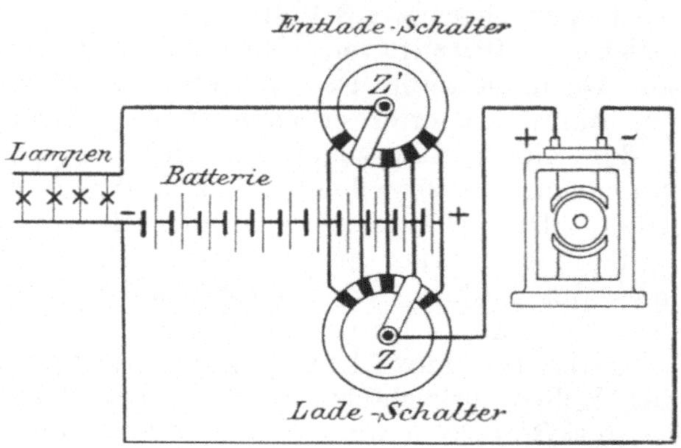

Fig. 26.

Liegt der Akkumulatorenraum nicht unmittelbar neben dem Maschinenraum, so wird der Zellenschalter neben dem Akkumulatorenraum aufgestellt und durch Fernschaltung betrieben. Dabei erhalten die Zellenschalterspindeln ihren Antrieb durch kleine Elektromotoren, die man mit Hilfe von Druckknöpfen von der Hauptschalttafel aus steuert, d. h. ein- und ausschaltet. Die Entladespannung wird dann meist durch ein Kontaktvoltmeter selbsttätig reguliert. Der Stand des Zellenschalters wird durch Fernzeiger nach der Schalttafel übertragen, d. h. dort sichtbar gemacht.

52. Laden der Akkumulatoren. Beim Laden wird die +Klemme des Stromerzeugers mit der +Klemme der Batterie verbunden, die —Klemme des Stromerzeugers mit der —Klemme der Batterie. Die für das Laden der Batterie zulässige, von der Akkumulatorenfabrik angegebene Höchststromstärke soll nie überschritten werden. Gegen Ende des Ladens — erkennbar an der beginnenden Gasentwickelung — verringere man den Ladestrom bis auf 1/2 der normalen Stromstärke. Das Ende des Ladens wird durch starke Gasentwickelung in den Zellen und außerdem dadurch angezeigt, daß die Spannung sehr rasch ansteigt, von 2,2 Volt bei Beginn des Ladens auf 2,7 Volt am Ende des Ladens. Luftdicht verschlossene Akkumulatorgefäße müssen wegen der während des Ladens auftretenden Gasentwickelung durch Herausnehmen eines Stöpsels oder dergleichen geöffnet werden.

Die Gasentwickelung soll gegen Ende des Ladens an sämtlichen Platten gleichmäßig auftreten. Nach beendetem Laden hebt sich bei gutem Zustand der Batterie die dunkelbraune Farbe der positiven Platten deutlich gegen die graue Farbe der negativen Platten ab.

53. Entladen der Akkumulatoren. Die Entladestromstärke darf den zulässigen Höchstwert im allgemeinen nicht übersteigen. Durch Entnahme zu hohen Stromes, wie durch zu weitgehende Entladung leidet die Dauerhaftigkeit der Akkumulatoren. Nur in Ausnahmefällen, wenn z. B. bei an den Maschinen auftretenden Störungen die Stromabgabe aufrecht erhalten werden muß, kann man beim Entladen über die normale Stromstärke gehen, es ist dann aber baldmöglichst für vollständiges Wiederladen zu sorgen.

Die beginnende Erschöpfung eines Akkumulators zeigt sich an dem rasch eintretenden Spannungsabfall, wobei die Lichtstärke eingeschalteter Glühlampen abnimmt. Ein Akkumulator ist als entladen zu betrachten, wenn seine Spannung auf 1,83 Volt gefallen ist.

54. Instandhaltung der Akkumulatoren. Gegen Ende des Ladens einer Batterie ist nachzusehen, ob die Gasentwickelung bei allen gleich lang entladenen Zellen gleichzeitig auftritt. Zeigt sich Gasentwickelung bei einzelnen Zellen erst später, oder bleibt sie überhaupt aus, so ist dies ein sicheres Zeichen für einen Fehler. In solchen Fällen muß für baldige Abhilfe gesorgt werden.

Fehler lassen sich ferner an der ungleichen Dichtigkeit der Flüssigkeit gleichgeladener Zellen erkennen. Die Dichtigkeit, welche durch ein zwischen die Platten einzusetzendes Aräometer (vgl. 105) gemessen wird, besitzt bei geladenen Zellen den höchsten und bei entladenen Zellen den niedrigsten Wert.

Der Grund für Fehler kann darin bestehen, daß sich Teile von der aktiven Plattenmasse abgelöst und zwischen den Platten festgesetzt haben, oder daß die Platten sich geworfen und dabei berührt haben. Zwischen die Platten geratene leitende Körper sind baldigst zu beseitigen. Einem gegenseitigen Berühren der Platten infolge des Werfens derselben läßt sich durch zwischengeschobene Glasstäbchen solange vorbeugen, bis für sachverständige Abhilfe gesorgt ist. Die Flüssigkeit soll klar und durchsichtig sein. Peinlich ist darauf zu achten, daß nicht die geringste Unreinigkeit in die Flüssigkeit kommt. Die Zellen sind zeitweise mit einer transportablen Glühlampe abzuleuchten.

Das Nachfüllen der Batterieflüssigkeit soll spätestens erfolgen, wenn dieselbe nur noch 1 cm hoch über den Platten steht. Zum Nachfüllen ist destilliertes Wasser und nach Angabe der Akkumulatorenfabrik beschaffte Schwefelsäure zu verwenden. Gegen Mißgriffe in dieser Hinsicht sind die Akkumulatoren sehr empfindlich, namentlich kann deren Bestand durch Verwendung von Brunnenwasser, das häufig chlorhaltig ist, gefährdet werden.

Akkumulatoren dürfen in entladenem Zustand nie lange Zeit stehen bleiben. Das Laden soll tunlichst innerhalb der nächsten 24 Stunden nach erfolgtem Entladen geschehen. Eine vollgeladene Zelle entlädt sich, auch wenn kein Strom entnommen wird, in 2—4 Wochen von selbst. Unbenutzt stehende Akkumulatoren müssen daher, wenn sie nicht Schaden leiden sollen, in Zwischenräumen von 2—4 Wochen aufgeladen werden.

Äußerlich an den Zellen und Leitungen sich bildende Ausscheidungen sind abzukratzen. Der zum Schutz der Leitungen gegen die Einwirkung der Säure dienende Lackanstrich ist rechtzeitig zu erneuern. Gleiches gilt für das statt des Lackanstrichs angewandte Einfetten der Metallteile mit Vaseline.

Um von den Fabriken die Einhaltung ihrer Garantie verlangen zu können, muß auf pünktliche Befolgung der leicht erfüllbaren, von den Fabriken gegebenen Bedienungsvorschriften gehalten werden. Zur Erlangung einer Gewähr gegen frühzeitige Abnutzung einer Batterie und damit verbundene große Instandsetzungskosten kann man mit den Akkumulatorenfabriken in der Regel zehnjährige Garantieverträge abschließen. Dabei verpflichten sich die Fabriken gegen jährliche Zahlung eines bestimmten Betrages zur regelmäßigen Untersuchung der Batterie und zur Erhaltung der Leistungsfähigkeit (Kapazität) derselben, indem sie den Ersatz schadhaft gewordener Platten usw. kostenlos bewirken. Im allgemeinen empfiehlt es sich, einen dahingehenden Vertrag abzuschließen, einerseits zum Schutz gegen unerwartete große Ausgaben, andererseits zur Erhöhung der Betriebssicherheit.

55. Kleine transportable Akkumulatoren. Kleine Akkumulatoren werden für ärztliche Zwecke, zum Betrieb kleiner Glühlampen, galvanokaustischer Apparate, der Elektromotoren in Musikautomaten usw. angewandt.

Sollen einzelne oder in geringer Anzahl hintereinander geschaltete kleine Akkumulatoren durch Stromentnahme aus einem Lichtleitungsnetz geladen werden, so schaltet man in den Ladestromkreis geeignete Widerstände. Am

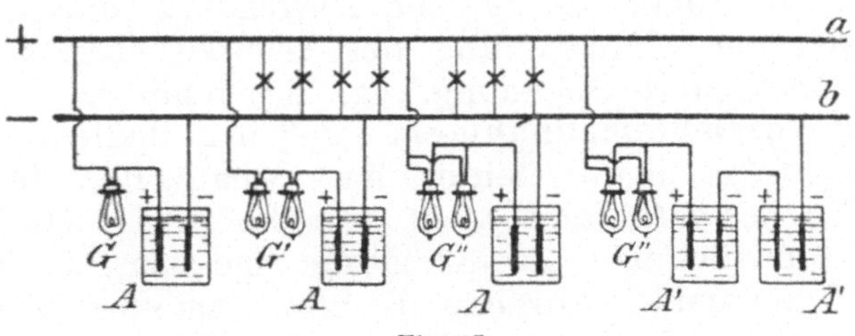

Fig. 27.

einfachsten dienen hierfür Glühlampen, wie Fig. 27 zeigt. In der Figur bezeichnen *a* und *b* die Lichtleitungen, *A* die Akkumulatoren und *G* die als Widerstände vorgeschalteten Glühlampen. Man verwendet für die Leitungsspannung passende Glühlampen, deren Stromstärke ungefähr dem für das Laden des betreffenden Akkumulators erforderlichen Strom entsprechen muß. Eine 16 kerzige Kohlefadenlampe wird z. B. bei 110 Volt Leitungsspannung von rd. 0,5 Ampere durchflossen. Wird niedrigere Stromstärke verlangt, so verwendet man eine Lampe von im Verhältnis geringerer Lichtstärke oder man schaltet die Lampen G' hintereinander. Zwei 16kerzige hintereinander geschaltete Kohlefadenlampen ergeben die halbe Stromstärke einer Lampe, also 0,25 Ampere. Ist höhere Stromstärke erforderlich, so verwendet man eine Lampe höherer Lichtstärke oder man schaltet die Lampen G'' parallell. Bei 110 Volt Spannung geben zwei parallel geschaltete 16kerzige Kohlefadenlampen 1 Ampere. Sind mehrere gleichgroße Akkumulatoren A' zu laden, so werden dieselben hintereinander geschaltet. Hierbei ist zu beachten, daß von nicht gleich weit entladenen Akkumulatoren die weniger entladenen nur kürzere Zeit im Ladestromkreis gelassen werden dürfen.

Das Laden nur weniger Zellen durch Stromentnahme aus einem höhere Spannung besitzenden Leitungsnetz ist verhältnismäßig teuer, weil der größte Teil der aus dem Leitungsnetz entnommenen elektrischen Arbeit in den vorgeschalteten Glühlampen vernichtet, also nicht nutzbar verwendet wird. Handelt es sich um sehr häufiges Laden einzelner Akkumulatoren, besonders solcher für höhere Stromstärke, so ist die Anwendung eines Motorgenerators zur Umwandlung des erforderlichen Gesamtstromes in niedere Spannung (vgl. 47) billiger.

56. Vorsichtsmaßnahmen. Bei der Bedienung von Batterien trägt man Kleider aus Schafwolle, da diese durch die Schwefelsäure nicht zerstört wird. Oder man benutzt zum Schutze der Kleidung eine mit Paraffin getränkte Schürze und bestreicht die Stiefel mit einer Mischung aus Paraffin und Wachs. In der Kleidung entstandene Säureflecken lassen sich, falls sie nicht zu alt sind, durch Anfeuchten mit Ammoniak beseitigen. Sind die Flecken nach dem Anfeuchten mit Ammoniak verschwunden, so sind die Stellen mit reinem Wasser auszuwaschen. Die durch die Säureeinwirkung rauh werdenden Hände wäscht man mit Sodalösung.

Bei Benutzung von Akkumulatoren für ärztliche Zwecke, galvanokaustische Schlingen, Stirnlampen u. dgl., muß jede Verbindung des Akkumulators mit dem zum Laden dienenden Leitungsnetz unterbrochen sein, wenn die Apparate mit dem menschlichen Körper in Berührung gebracht werden. Geschieht das nicht, so kann zufolge von Erdverbindung im Leitungsnetz eine mit dem Apparat in Berührung kommende, nicht isoliert stehende Person elektrische Schläge erhalten. Diese Schläge sind sehr heftig, wenn es sich um das Berühren von Körperteilen handelt, die durch die schlecht leitende trockene Haut nicht geschützt sind, wie es bei der Galvanokaustik zutrifft. Aus dem gleichen Grunde ist unmittelbare Stromentnahme für solche Apparate aus einem Lichtleitungsnetz entschieden zu widerraten.

Lampen.

57. Leuchtmittelsteuer. Die elektrischen Leuchtmittel als Glühlampen, Brennstifte für Bogenlampen, Quarzlampen und ihnen ähnliche Lampen unterliegen einer Reichssteuer. Dieselbe ist abgestuft einerseits nach der Art der Leuchtmittel, als Kohlefaden- und Metallfaden-Glühlampen, Bogenlampen-Brennstifte aus Reinkohle und aus Kohle mit Leuchtzusätzen, andererseits nach dem elektrischen Verbrauch der Glühlampen und Quarzlampen. Im übrigen werden die Kohlestifte nach dem Gewicht und Glühlampen, sowie Quarzlampenbrenner nach Stückzahl versteuert. Die Steuer ist von den Fabrikanten der Beleuchtungsmittel zu entrichten. Dem Käufer der Beleuchtungsmittel wird die Steuer in der Regel neben den Einheitspreisen für Lampen und Kohlestifte gesondert in Rechnung gestellt.

Eine Einwirkung der Steuer auf die Brennkosten der Lampen ist bei dem meist bestehenden Übergewicht der Strompreise kaum fühlbar.

Bogenlampen.

58. Lichtstrahlung. Die Lichtstrahlung der Lampen ist abhängig von Stromart, Lampenkonstruktion und Kohlestiftmaterial. Die unter den verschiedenen Winkeln vom Lichtbogen ausgestrahlten Lichtstärken sind für die wesentlichsten Lampenkonstruktionen in den Kurvenzügen Fig. 28—30 dargestellt.

Die Verschiedenartigkeit der Lichtstrahlung bedingt, daß die Angaben über die Lichtstärke der Lampen einer einheitlichen Grundlage bedürfen. Diese ist geschaffen durch die vom Verband Deutscher Elektrotechniker herausgegebenen „Normalien für Bogenlampen“ [1]). Handelt es sich um den Vergleich verschiedenartiger Lampen, so verlange man nach bezeichneten Normalien Angaben über die mittlere untere hemisphärische Lichtstärke bei klarer Glasglocke.

59. Anwendungsgebiet. Das elektrische Bogenlicht ist anzuwenden, wenn es auf starke Lichtwirkung ankommt. Es dient für die Beleuchtung hoher Hallen, wofür andere Lichtquellen nicht ergiebig genug sind, für die Beleuchtung großer Säle und Geschäftsräume, ferner am ausgedehntesten für die Beleuchtung im Freien, hier einerseits für die Beleuchtung verkehrsreicher Straßen und Plätze, andererseits für Reklamebeleuchtung vor Läden usw. In Konzertsälen, in denen nur geräuschlos brennende Lampen zulässig sind, vermeide man die Anwendung von Wechselstromlampen wegen des ihnen meist anhaftenden summenden Geräusches.

Da die Farbe des Bogenlichts, wenn die Kohlestifte keine die Lichtfarbe beeinflussenden Leuchtzusätze enthalten, von allen künstlichen Lichtarten dem Tageslicht am nächsten liegt, so wird diese Beleuchtungsart vorzugsweise angewandt, wenn Farben auch bei künstlicher Beleuchtung wie bei Tage erscheinen sollen. Dies trifft zu unter anderen für die Beleuchtung von Gemäldeausstellungen und beim Verkauf farbiger Stoffe. Eine besonders genaue Farben-Unterscheidung wird durch eine eigens für

[1]) Verlag von Julius Springer, Berlin.

diesen Zweck gebaute Lampe (Tageslicht-Bogenlampe) erreicht.

Sollen Räume, in denen leicht brennbare Gegenstände aufbewahrt oder verarbeitet werden, Bogenlichtbeleuchtung erhalten, so sind die Lampen unter eingehender Berücksichtigung der jeweiligen Verhältnisse anzuordnen. Es ist Vorsorge zu treffen, daß ein Herabfallen glühender Kohleteile auf alle Fälle, selbst bei Beschädigung der Lampenglocken, verhütet wird. In Schaufenstern, die brennbare Gegenstände enthalten, kann man zwischen den Bogenlampen und den Auslagen Glasabdeckungen anbringen.

60. Lampensysteme. Nach der Stromart, Gleichstrom und Wechselstrom, sowie nach der Art der Kohlestifte und nach den Konstruktionsprinzipien lassen sich die Bogenlampen wie folgt gliedern:

a) Reinkohlelampe mit freiem Luftzutritt. Bei der Gleichstromlampe mit übereinander stehenden Kohlen bildet sich am Ende der oberen Kohle eine weiß-

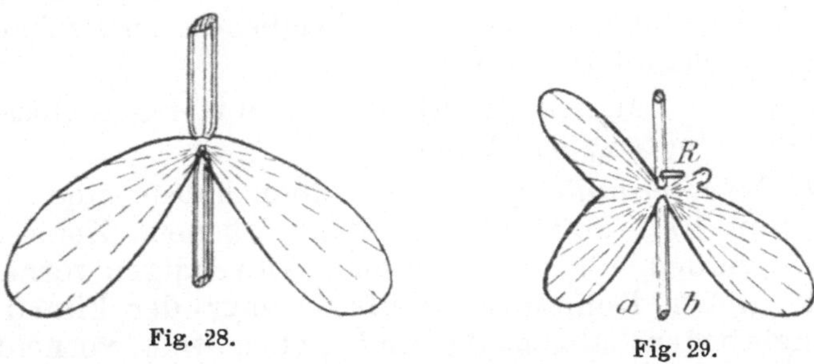

Fig. 28. Fig. 29.

glühende Höhlung, die wesentlich zur Lichtwirkung beiträgt und die Überlegenheit dieser Lampe gegenüber der Wechselstromlampe bedingt. Durch das starke Glühen der oberen Kohle wird, wie Fig. 28 zeigt, der größte Teil des Lichtes nach unten ausgestrahlt. Die obere Kohle verzehrt sich ungefähr doppelt so rasch wie die untere. Die obere Kohle wird daher entweder länger oder dicker genommen als die unteren.

In der Wechselstromlampe glühen die obere und untere Kohle annähernd gleich stark. Es ist daher die

Lichtausstrahlung nach oben und unten annähernd gleich groß, wie Fig. 29 bei *a* zeigt. Um das nach oben ausgestrahlte Licht nach unten möglichst nutzbar zu machen, wird unmittelbar über dem Lichtbogen ein kleiner Reflektor *R* (Fig. 29) angebracht. Letzterer bewirkt die in Fig. 29*b* angegebene, nach unten ergiebigere Lichtstrahlung. Bei Anwendung eines solchen Reflektors verzehrt sich die obere Kohle etwas weniger rasch als die untere.

Die Lichtstrahlungskurven beziehen sich auf klare Glasglocken; durch die üblichen matten Glocken wird eine gleichmäßigere Lichtverteilung bewirkt.

b) Lampen mit eingeschlossenem Lichtbogen. Dies sind Lampen, deren Lichtbogenbildung in einer nahezu luftdicht abgeschlossenen Glasglocke erfolgt. Der Luftabschluß bewirkt langsameren Abbrand der Kohlestifte und hierdurch längere Brenndauer. Ferner ist diesen Lampen ein längerer Lichtbogen und demzufolge eine höhere Spannung eigen, so daß die Lampen bei 110 Volt Leitungsspannung einzeln geschaltet werden, im Gegensatz zu den unter a) und c) beschriebenen, zu zweien oder dreien geschalteten Lampen.

Bei den Lampen für Reinkohle mit eingeschlossenem Lichtbogen unterscheidet man:

1. *Dauerbrandlampen.* Dieselben haben eine Brenndauer von 100—300 Stunden, ohne daß neue Kohlen eingesetzt werden müssen. Die hier notwendigen verhältnismäßig dicken Kohlestifte bleiben unter der Einwirkung des Lichtbogens abgeflacht und geben eine vornehmlich horizontale Lichtstrahlung. Der Verbrauch der Lampe im Vergleich zum erzeugten Licht ist hoch, so daß die Lampen nur angewendet werden, wenn auf die lange Brenndauer großer Wert gelegt wird.

2. *Sparlampen.* Diese Lampen haben im Vergleich zu den Dauerbrandlampen einen günstigeren Verbrauch, ihre Brenndauer beträgt 20—30 Stunden. Die Lampen kommen mit übereinander- und nebeneinanderstehenden Kohlen in Anwendung. In letzterem Falle ergibt sich eine vornehmlich nach unten gerichtete Lichtstrahlung, die für die Beleuchtung von Schaufensterauslagen vorteilhaft be-

nutzt wird. Die Lichtstrahlung der Lampen hat Ähnlichkeit mit derjenigen der Flammenbogenlampen (*B* Fig. 30).

3. Kleine Bogenlampen (Liliput-, Mignonlampen) sind seit Einführung der sparsam brennenden, hochkerzigen Metalldraht-Glühlampen nur selten angewendet.

c) Flammenbogenlampen (Intensivlampen, Effektlampen). Diese besitzen im Gegensatz zu den vorstehend beschriebenen Bogenlampen mit rein weißem Licht einen flammenartig leuchtenden Lichtbogen von mehr oder weniger starker Färbung. Je nach der chemischen Beschaffenheit der Leuchtzusätze in den Kohlestiften ist die Lichtfarbe gelb, rötlich oder milchweiß. Am gebräuchlichsten ist die gelbe und milchweiße Farbe.

Für Lampen mit nebeneinanderstehenden Kohlen ist die Lichtwirkung unter Voraussetzung einer Opalglasglocke in Fig. 30 durch die Strahlungskurve *B* gezeigt. Demnach ist der Lampe starke Bodenbeleuchtung eigen, die unter anderem zur Beleuchtung von Schaufensterauslagen ausgenutzt wird.

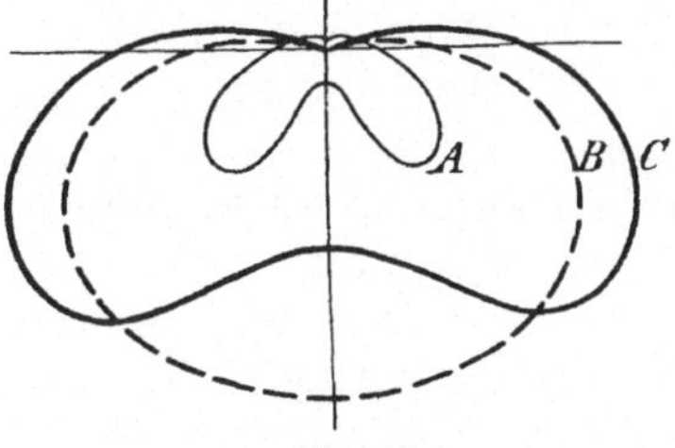

Fig. 30.

Für Lampen mit übereinanderstehenden Kohlen werden die von Gebrüder Siemens hergestellten weiß brennenden Kohlen (TB-Kohlen) angewendet. Die letzteren bestehen aus dünnwandigen Kohleröhren, die mit Leuchtsätzen ausgefüllt sind. Die Lichtfarbe ist derjenigen der gewöhnlichen Bogenlampen ähnlich. Die Lichtstrahlung der Lampe (*C* Fig. 30) ist in horizontaler Richtung ergiebiger als bei der Lampe mit nebeneinanderstehenden Kohlen (*B* Fig. 30), sie eignet sich daher insbesondere zur Beleuchtung größerer Flächen, für Straßenbeleuchtung u. dgl.

Zum Vergleich ist in Fig. 30 durch die Kurve *A* die Strahlung der Gleichstrom-Reinkohlelampe (vgl. a), ebenfalls für eine Opalglasglocke, für denselben elektrischen Verbrauch angegeben.

Hinsichtlich der Lichtstärke bei gleichem Verbrauch

sind die Flammenbogenlampen den Gleichstrom-Reinkohlelampen um das Drei- bis Vierfache überlegen. Für Wechselstrom ist dies Verhältnis noch günstiger, indem die Flammenbogenlampen für Gleich- und Wechselstrom beinahe gleichwertig sind. Bei Kohlen ohne Leuchtzusätze gibt die Wechselstromlampe erheblich geringere Lichtausbeute als die Gleichstromlampe.

Leuchtsatz-Kohlen können nicht ohne weiteres in gewöhnliche Bogenlampen eingesetzt werden, weil weder die Durchmesser der Kohlestifte noch die Lichtbogenlängen und die Lampenspannungen übereinstimmen.

Dauerbrand-Flammenbogenlampen mit einer Brenndauer von 90—100 Stunden haben nur wenig höheren Verbrauch für die erzeugte Lichteinheit als die übrigen Flammenbogenlampen. Sie sichern durch die erheblich verringerten Bedienungskosten der Bogenlichtbeleuchtung weitere Anwendungsgebiete.

d) Bogenlampen für besondere Zwecke. Für photographische Zwecke, Lichtpausapparate usw. kommen Bogenlampen mit langem Lichtbogen und dementsprechend hoher Spannung in Anwendung, weil das hierbei überwiegend ausgestrahlte ultraviolette Licht photochemisch besonders wirksam ist. Es handelt sich hier in der Regel um die Anwendung der unter b) beschriebenen Lampen mit eingeschlossenem Lichtbogen. Die Kohlen erhalten keine Leuchtzusätze. Ebenso werden Lampen mit erhöhter Lichtbogenspannung für Lichtbäder bevorzugt.

61. Indirekte Beleuchtung. Behufs Erzielung einer möglichst schattenfreien, dem zerstreuten Tageslicht ähnlichen Beleuchtung wird das Licht der durch Schirme abgeblendeten Lampen gegen die weiße Decke oder gegen große, nicht spiegelnde Reflektoren geworfen. Die Raumbeleuchtung kommt dann durch Reflexwirkung zustande, wobei der Lichtverlust durch Anwendung lichtstärkerer Bogenlampen, als für direkte Beleuchtung notwendig ist, ausgeglichen werden muß.

Für diese Beleuchtung ist gute Instandhaltung der reflektierenden Flächen erste Bedingung. Die reflektierende weiße Deckentünchung usw. muß zeitweise erneuert werden. Hinausschieben kann man diese Erneuerung durch weißen Emailfarbeanstrich für Decke bzw. Reflektoren, verbunden mit rechtzeitigem Abwaschen dieser Flächen.

62. Lampenglocken. Durch die üblichen matten Glocken aus Alabaster- oder Opalglas wird eine gleichmäßigere Lichtverteilung und die Beseitigung der bei Anwendung klarer Glocken blendenden Wirkung der Lampen bezweckt. Zur Vermeidung zu großen Lichtverlustes durch die matten Glocken wähle man dieselben so durchsichtig, wie es für die jeweilige Verwendung der Lampen gerade noch statthaft ist; immerhin muß mit einem Lichtverlust von rund 25 % gerechnet werden.

Die Glocken sollen den Lichtbogen vor Luftzug schützen, namentlich aber das Herabfallen glühender Kohleteilchen, und dadurch eine Entzündung von unter der Lampe gelagerten brennbaren Gegenständen verhüten. Es ist daher darauf zu achten, daß die Glocken sowohl nach oben als besonders nach unten genügend abgeschlossen sind. Den Abschluß der Glocken nach unten bewirkende Aschenteller müssen derart befestigt sein, daß sie auch durch ein Versehen beim Bedienen der Lampen nicht aus ihrer Lage gebracht werden können. Die Forderung ist dadurch begründet, daß in die Glocken lose eingelegte Aschenteller sich verschieben und dann einen Spalt für das Herabfallen glühender Kohleteilchen frei lassen können. Die Aschenteller sollen aus Metall hergestellt sein. Aschenteller aus Glas sind unzweckmäßig, weil sie leicht zerbrechen und dann nutzlos sind.

Die Lampen für Leuchtsatzkohlen, Flammenbogenlampen, erhalten sog. beschlagfreie Glocken. Dabei ist die Luftströmung in der Glocke derart reguliert, daß die beim Brennen der Lampe sich entwickelnden Dämpfe abgeleitet werden, ohne in der Glocke einen Niederschlag zurückzulassen.

Zur Verhütung von Feuersgefahr ist streng darauf zu achten, daß durchlöcherte Glocken nicht im Betrieb bleiben.

Für die Beleuchtung im Freien erhalten die Lampen meist Regendächer, die auf der Unterseite weiß sind und gleichzeitig als Reflektoren dienen.

Auf geeignete äußere Form des Lampengehäuses nebst Glocke ist Gewicht zu legen. Mit dem Zweck der Lampe nicht in Verbindung stehender Zierat ist verwerflich.

63. Brenndauer der Lampen. Zu verlangen ist, daß die Brenndauer einer Lampe mindestens ihrer längsten ununterbrochenen Benutzungsdauer entspricht. Lampen, die für Straßenbeleuchtung die ganze Nacht hindurch brennen, dürfen während dieser Zeit ein Neueinsetzen von Kohlestiften nicht erfordern. Je länger die Brenndauer genommen wird, um so dicker und länger müssen die Kohlestifte werden. Zu dicke Kohlestifte geben unruhigeres Licht, während für sehr lange Kohlestifte ein für viele Anwendungen ungeeigneter, übermäßig langer Lampenmechanismus notwendig ist. Weitergehenden Anforderungen an lange Brenndauer genügen die unter Luftabschluß brennenden Lampen (vgl. 60 b). Diese stehen aber hinsichtlich der Lichtausbeute bei den Reinkohlelampen den unter freiem Luftzutritt brennenden Lampen nach.

64. Lampenspannung. Die Spannung einer Reinkohlelampe mit freiem Luftzutritt, einschließlich des vorzuschaltenden Beruhigungswiderstandes (vgl. 68), beträgt annähernd:

bei Gleichstrom . . . . 55 Volt,
bei Wechselstrom . . . 35 Volt.

Es sind daher bei einer Leitungsspannung von 110 Volt im allgemeinen bei Gleichstrom zwei und bei Wechselstrom drei Lampen hintereinander zu schalten. Für nicht zu hohe Stromstärken, etwa bis 15 Ampere, werden auch bei Gleichstrom drei Lampen mit einer gegen obige Angabe verminderten Lampenspannung hintereinander geschaltet. Dabei ist gleichbleibende Leitungsspannung unbedingt erforderlich.

Flammenbogenlampen beanspruchen ungefähr die gleiche Spannung wie vorstehend für die Gleichstrom-Reinkohlelampe angegeben ist.

Reinkohlelampen mit eingeschlossenem Lichtbogen erfordern eine Leitungsspannung von rund 110 Volt, so daß sie hier einzeln zu schalten sind.

65. Lampenschaltungen. Gleichstrombogenlampen müssen so in den Stromkreis geschaltet werden, daß der Strom in bestimmter Richtung, bei übereinanderstehenden Kohlen im allgemeinen von der oberen nach der unteren Kohle fließt. Die Lampenklemmen tragen zu diesem Zweck die Zeichen + und — (vgl. 33). Bei Wechselstromlampen sind die Klemmen gleichwertig.

Je nach der Höhe der Spannung werden einzelne Lampen oder Gruppen von hintereinandergeschalteten Lampen in Parallelschaltung mit den Hauptleitungen verbunden. Für die durch Fig. 31 dargestellte Schaltung ist eine Spannung zwischen den Hauptleitungen *a* und *b* von rund 110 Volt angenommen. Hierbei sind Gleichstrom-

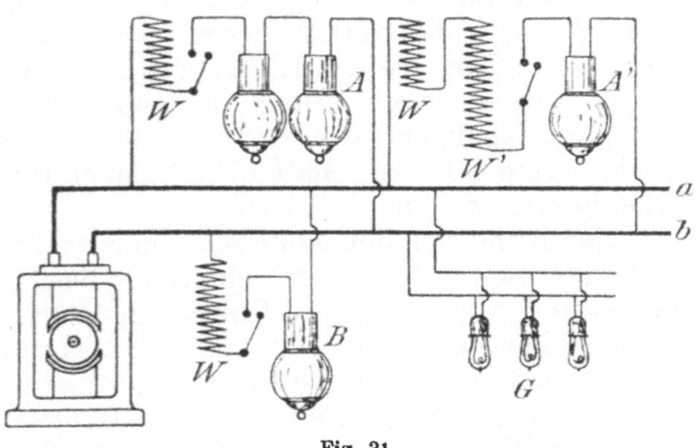

Fig. 31.

bogenlampen und Flammenbogenlampen im allgemeinen zu zweien hintereinander zu schalten (vgl. *A* Fig. 31). Den Lampen wird ein Beruhigungswiderstand *W* vorgeschaltet. Werden bestimmte Lampenkonstruktionen bei 110 Volt Leitungsspannung zu dreien hintereinander geschaltet, so wird der Beruhigungswiderstand verkleinert oder ganz weggelassen.

Für bei Hintereinanderschaltung fehlende Lampen ist Widerstand einzuschalten. Soll z. B. statt zwei hintereinandergeschalteten nur eine Lampe (*A'* Fig. 31) brennen, so wird statt der fehlenden zweiten Lampe ein Widerstand *W'* eingeschaltet oder der Widerstand *W* entsprechend vergrößert. Die infolge des Fehlens der zweiten Lampe für die Beleuchtung nicht verwertete elektrische Arbeit wird im Widerstand in Wärme umgesetzt. An elektrischem Verbrauch und demzufolge an Beleuchtungskosten kann daher, abgesehen vom wegfallenden Kohlestifteverbrauch, durch das Ausschalten einzelner der in Hintereinanderschaltung brennenden Lampen nicht gespart werden. Lampen mit eingeschlossenem Lichtbogen (Dauerbrandlampen, Sparlampen usw., vgl. 60 b) werden, wie Fig. 31 bei *B* zeigt, einzeln geschaltet. Von den gleichen Hauptleitungen können Stromkreise mit parallel geschalteten Glühlampen (*G* Fig. 31) abgezweigt werden.

Bei höherer Spannung wird die Zahl der hintereinander geschalteten Lampen entsprechend vergrößert; bei einer Spannung von rund 220 Volt sind je vier oder sechs Gleichstromlampen mit freiem Luftzutritt bzw. Flammenbogenlampen oder je zwei Lampen mit eingeschlossenem Lichtbogen hintereinander zu schalten. Selbstverständlich müssen die hintereinander zu schaltenden Lampen für gleiche Stromstärke bestimmt sein.

In Wechselstrombetrieben können — auch bei höherer, für das unmittelbare Einschalten einzelner Bogenlampen nicht geeigneter Netzspannung — Einzellampen wirtschaftlich verwendet werden, wenn man die Netzspannung mit gesonderten Transformatoren (Lampentransformatoren) auf ein für die Lampen geeignetes Maß herabtransformiert.

66. Kohlestifte. Bei Beschaffung der Kohlestifte halte man sich an die Vorschriften der Lampenfabrik, da das ruhige Brennen der Lampen und die Brenndauer von der Verwendung guter, für die Lampen passender Kohlestifte abhängt. Namentlich sind die Kohlestifte von richtiger Länge und vorgeschriebenem Durchmesser zu nehmen, weil bei dem sonst eintretenden ungleichmäßigen Abbrand die Kohlehalter verbrennen können.

Die Kohlestifte sind von dem Lieferanten der Lampe oder von einer durch diesen empfohlenen Fabrik zu beziehen. Beliebigen Anpreisungen von Kohlestiften Folge zu geben, vermeide man um so mehr, als aus Konkurrenzbestrebungen sehr billige und dabei schlechte Kohlestifte hergestellt werden, die unruhiges und wenig Licht geben.

Die Verwendung solch billiger Fabrikate lohnt sich im allgemeinen nicht, weil die Kosten des Kohlestiftverbrauchs gegenüber denjenigen des Stromverbrauchs nicht ins Gewicht fallen. Nur bei ganz niedrigen Strompreisen, und wenn auf Ruhe des Lichtes kein Wert gelegt wird, kann die Anwendung billiger und dabei weniger guter Kohlestifte in Frage kommen.

Für die Aufbewahrung der Kohlestifte ist ein trockener Raum erforderlich. Sind verschiedenartige Lampen zu bedienen, so muß zur Vermeidung eines Verwechselns der Kohlestifte für wohlgeordnete Lagerung gesorgt werden.

67. Regulierwerk. Die Kohlestifte müssen ihrem Abbrand entsprechend vorgeschoben werden. Im allgemeinen geschieht dies durch selbsttätig wirkende, durch die Stromwirkung in Gang gesetzte Regulierwerke. Nur in besonderen Fällen, z. B. bei Bühnenscheinwerfern, erfolgt der Vorschub der Kohlestifte von Hand mittelst sog. Handregulatoren. Wird bei unregelmäßigem Brennen der Lampen ein Eingriff in das Regulierwerk notwendig, so sind damit Sachverständige zu betrauen. Durch unkundiges Verstellen des Regulierwerkes wird der Fehler nur vergrößert.

68. Beruhigungswiderstand für Bogenlampen. Die in Fig. 31 mit *W* bezeichneten, den Lampen vorgeschalteten Widerstände sind im allgemeinen zur Erzielung gleichmäßigen Lichtes erforderlich. Entbehrlich sind solche Widerstände für einzelne Lampenkonstruktionen, die bei 110 Volt Leitungsspannung ein Hintereinanderschalten von drei Lampen zulassen.

Da die Widerstände sich stark erwärmen und bei an den Lampen vorkommenden Störungen erglühen können, so müssen brennbare Gegenstände unter allen Umständen von den Widerständen ferngehalten werden. Die Anbringung der Widerstände auf brennbarer Unterlage, wozu auch mit Putz beworfene Holzwände zu rechnen sind, ist daher nur unter Anwendung geeigneter Schutzmaßnahmen zulässig. Walzenförmige Widerstände müssen zur Herbeiführung einer Luftströmung mit senkrecht stehender Achse befestigt werden, weil bei wagerechter Lage der Achse der Widerstand infolge mangelnder Kühlung zu heiß würde.

Werden die Widerstände mit einem Schrank umgeben, so muß derselbe aus unverbrennlichem Material hergestellt, ferner unten und oben mit Luftlöchern versehen sein.

In Wechselstrombetrieben können statt der Beruhigungswiderstände Induktionsspulen, sog. Drosselspulen, angewendet werden. Durch dieselben wird der Stromverlust im Vergleich zur Anwendung von Widerständen etwas geringer. Die Drosselspulen sind aber wegen ihrer Rückwirkung auf das Leitungsnetz von einigen Elektrizitätswerken verboten.

69. Aufhängevorrichtungen. Erstes Erfordernis ist, daß die Lampen zum Einsetzen der Kohlestifte und zum Reinigen leicht zugänglich sind, da nur dann eine verläßliche Bedienung und ein davon abhängiges ruhiges Brennen der Lampen gewährleistet werden kann. Es ist daher unzweckmäßig, die Lampen von einer Leiter aus zu bedienen, vielmehr soll dafür gesorgt werden, daß die Lampen herabgelassen und bequem vom Fußboden aus bedient werden können. Zur Lampenaufhängung kommen am besten gut verzinkte Stahldrahtseile und als Aufzugvorrichtung Windetrommeln oder Gegengewichte in Anwendung. Die Windetrommeln und Seilführungsrollen sollen behufs Schonung des Aufzugseiles nicht zu kleine Durchmesser haben. Für Drahtseile von 5—7 mm Durchmesser kommen Rollen von nicht unter 12 cm Durchmesser in Anwendung. Die im Handel erhältlichen und vielfach verwendeten Rollen von nur 3—4 cm Durchmesser sind wegen der durch sie bedingten starken Biegung und dem unter Umständen eintretenden Schleifen des Seiles unzulänglich.

Die Aufzugseile müssen zeitweise untersucht und, falls sie schadhaft sind, durch neue ersetzt werden. Die Windetrommeln und Lager der Seilführungsrollen sind zeitweise zu ölen.

Den mit Aufzugvorrichtungen versehenen Lampen werden die Leitungen entweder lose durchhängend zugeführt, oder es kommen Kontaktkupplungen in Anwendung, die das unschöne Durchhängen der Leitungen entbehrlich machen. Zweckmäßig ist es, wenn diese Kupplungen Seilentlastungen enthalten, Vorrichtungen, welche das Gewicht der hochgezogenen Lampe tragen und dadurch die Sicherheit gegen ein Herabstürzen der Lampen wesentlich erhöhen.

70. Aufhängehöhe. Soweit die Aufhängehöhe nicht durch die Höhe der Räume begrenzt ist, also für die Anbringung der Lampen in hohen Hallen usw., sowie im Freien, ist für die Bestimmung der Aufhängehöhe sachverständiger Rat erforderlich. Hierbei kommen die unter 60 für die verschiedenen Lampensysteme angegebenen Lichtstrahlungen in Betracht. Z. B. ist für vorwiegende Lichtstrahlung nach unten (Fig. 30, Kurve *A*), im Gegensatz zu Flammenbogenlampen mit der durch Kurve *C* (Fig. 30) dargestellten Strahlung eine höhere Aufhängung notwendig.

71. Lampenbedienung. Vor jedem Einsetzen neuer Kohlestifte müssen die Lampen gereinigt werden. In erster Linie sind die aus dem Regulierwerk hervorragenden Teile, die Kohlehalterführungen und die Kohlehalter, von anhaftendem Aschenstaub zu befreien. Besonders bei Flammenbogenlampen ist auf sorgfältige Reinigung dieser Teile zu achten, weil die aus den Kohlen dieser Lampen sich entwickelnden Dämpfe das Metall angreifen. Stärker verschmutzte Kohlehalterführungen usw. feuchtet man mit Benzin an und reibt sie mit einem Leder ab. Der in der Lampenglocke angesammelte Kohlestaub ist zu entfernen. Außen- und Innenseite der Glocke sind für gewöhnlich trocken und zeitweise mit Wasser, erforderlichenfalls auch mit Seife zu reinigen. Für die regelmäßigen Reinigungsarbeiten sind ein Staubpinsel und Rehleder od. dgl. erforderlich. Die Kohlen sind so einzusetzen, daß sie gerade übereinander bzw. nach Vorschrift nebeneinander stehen. Bei übereinanderstehenden Kohlen müssen sich neu eingesetzte Kohlen mindestens um das für die Lichtbogenbildung notwendige Maß „5—10 mm“ auseinanderziehen lassen.

Damit ein Bedienen der Lampen während des Beleuchtungsbetriebes vermieden wird, sind für die tägliche Brenndauer der Lampen ausreichende Kohlestifte einzusetzen. Reststücke von Kohlestiften können für die kürzere Beleuchtungszeit im Sommer zurückgelegt werden, indem man dieselben nach den zusammengehörigen Längen und Stärken geordnet aufbewahrt. Unter allen Umständen ist das Abnehmen der Lampenglocke nur zulässig, nachdem die Lampe ausgeschaltet ist und die Kohlestifte aufgehört haben zu glühen. Hierdurch soll dem Herabfallen glühender Kohleteilchen vorgebeugt werden. Namentlich ist dies zu beachten, wenn unter den Lampen leicht brennbare Gegenstände lagern.

72. Maßnahmen beim Versagen von Lampen. Erlischt eine Lampe, ohne sofort wieder zu zünden, so ist die Stromzufuhr durch Handhaben des zugehörigen Schalters baldmöglichst zu unterbrechen, um einer Beschädigung der Lampe vorzubeugen. Zeigt sich, daß lediglich die Kohlestifte aufgebraucht sind, so setze man vor dem Wiedereinschalten des Stromkreises neue Stifte ein. Sind die Sicherungen des zugehörigen Stromkreises durchgebrannt, so müssen dieselben erneuert werden, nachdem erforderlichenfalls die Ursache des Durchbrennens behoben ist.

Zeitweises Verlöschen einer Lampe kann durch Fehler im Lampenmechanismus, z. B. durch verbogene Kohlenführungsstangen oder durch Verschmutzen infolge mangelhafter Lampenbedienung entstehen. Handelt es sich nicht lediglich um Verschmutzen der Lampe, so ist Abhilfe durch einen Sachverständigen notwendig.

Lampen mit Leuchtröhren.

73. Quecksilberdampflampen sind luftleere Röhren, die eine bestimmte Menge Quecksilber enthalten und an den Enden mit eingeschmolzenen Stromzuführungen für die Metallelektroden versehen sind. Durch den zwischen den Elektroden fließenden Strom wird ein Teil des Quecksilbers verdampft und zum Leuchten gebracht. Zum Zweck der Inbetriebsetzung wird bei den meisten Konstruktionen die Röhre derart geneigt, daß die Elektroden durch einen überfließenden Quecksilberfaden leitend verbunden werden und sich dadurch der Stromweg bildet. Nachdem dies geschehen, wird die Röhre in die ursprüngliche Lage zurückgebracht.

a) Lampen mit Leuchtröhren aus Glas sind 0,5—1 m lang (Fig. 32) und beanspruchen eine Klemmenspannung von 40—80 Volt. Das Inbetriebsetzen der Lampe erfolgt, indem man nach dem Schließen des zugehörigen Schalters die Leuchtröhre um die Achse x mit Hilfe des Griffes y langsam kippt und sie gleicherweise in die Ruhelage zurückbringt.

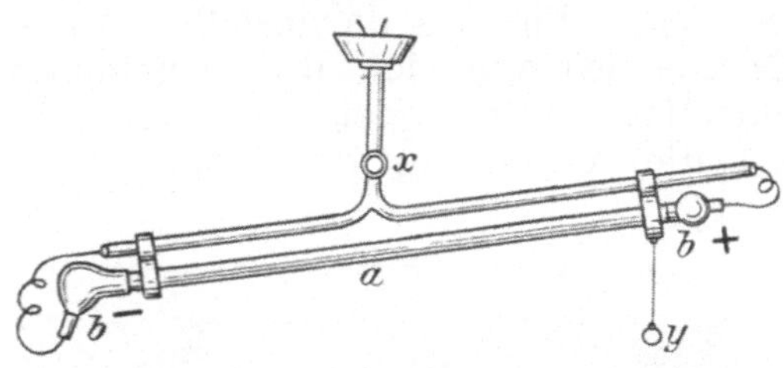

Fig. 32.

Die in der Lampe erzeugten ultravioletten, gesundheitsschädlichen Strahlen werden durch das Glas der Röhre zurückgehalten. Der Lampe fehlen rote Strahlen. Die von den üblichen Beleuchtungen abweichende Lichtfarbe bedingt eine erhebliche Einschränkung in der Anwendung der Lampe.

b) Quarzlampen. Der für Herstellung der Leuchtröhre angewendete Quarz hat einen höheren Schmelzpunkt als Glas und ermöglicht es, die Quecksilberdämpfe weitergehend zu erhitzen. Die Lampe besitzt daher bei gleichem Verbrauch eine höhere Lichtstärke als die erstere Lampe, sowie rote Strahlen in geringer Menge. Der Lampe ist eine gelblichweiße Lichtfarbe im Gegensatz zu der grünblauen der ersteren Lampe eigen. Die normale Erhitzung und die damit verbundene volle Lichtstärke der Lampe wird erst einige Minuten nach dem Einschalten erreicht. Soweit die eigentümliche Lichtfarbe nicht stört, wie dies für viele Fabrikbetriebe zutrifft, leistet die Lampe als Starklichtquelle gute Dienste, zumal jegliche Bedienung wegfällt und der Verbrauch für die erzeugte Lichteinheit nicht viel höher ist, als der Verbrauch der wirtschaftlichsten Bogenlampen. Die Lampe ist insbesondere für rund 220 Volt Leitungsspannung bestimmt, kommt aber auch für rund 110 Volt in Anwendung. Die Dauer der Leuchtröhre beträgt im Durchschnitt über 1000 Stunden.

Die Leuchtröhre der Quarzlampe ist so kurz, daß sie mit dem Apparat für das selbsttätige Einschalten der Lampe und meist auch mit dem Vorschaltwiderstand in einem den Bogenlampen ähnlichen Gehäuse untergebracht wird. Der von der Quarzlampen - Gesellschaft, Hanau a. M., hergestellte Brenner ist in Fig. 33 dargestellt. An den Enden der Leuchtröhre *a* befinden sich die Polgefäße *b* mit den Kupferblechlamellen *c*. Durch geeignetes Biegen der Kupferlamellen wird die Abkühlung der Leuchtröhre reguliert.

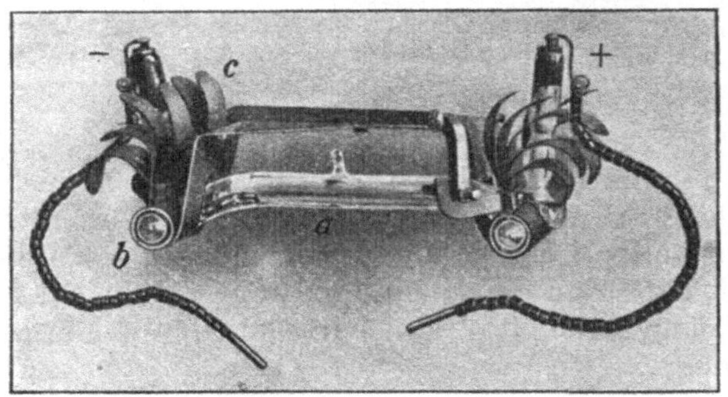

Fig. 33.

Ohne Schutzglocke, welche die gesundheitsschädlichen Strahlen zurückhält, darf die Lampe nicht in Betrieb genommen werden zur Vermeidung heftiger Augen- und Hautentzündungen. Für Heilzwecke, zur Ausnutzung der für die Photographie wirksamen ultravioletten Strahlen u. dgl. werden die Lampen in geeigneten Konstruktionen ohne Schutzglocke angewendet.

74. Moore-Licht. Eine rd. 5 cm dicke, 20—60 m lange Glasröhre, die Gas in großer Verdünnung enthält, wird durch hochgespannten Wechselstrom zum Leuchten gebracht. Der Leuchtvorgang ist ähnlich wie bei der bekannten Geißlerschen Röhre. Die Röhre wird unter der Decke des zu beleuchtenden Raumes aufgehängt, indem sie an Ort und Stelle aus rund 2,5 m langen Rohrstücken zusammengeschweißt, mit dem Gase gefüllt und dann evakuiert wird. Der für das Leuchten günstigste Gasdruck wird durch ein elektrisch gesteuertes Ventil dauernd einreguliert. Für jedes Meter Rohrlänge ist eine Wechselstromspannung von 200—300 Volt erforderlich. Der die Hochspannung zum Betriebe der Röhre erzeugende Transformator ist mit den übrigen Apparaten und den mit Elektroden versehenen Enden der Röhre in einem geerdeten eisernen Kasten untergebracht. Der eiserne Kasten und die aus demselben hervortretenden Röhren können ohne Gefahr mit der Hand berührt werden.

Das Moore-Licht gibt, zufolge der großen Ausdehnung der Leuchtröhre, eine gleichmäßige, nicht blendende Lichtwirkung. Die Lichtfarbe ist, je nach der in die Röhre eingeschlossenen Gasart, weiß oder rötlich, bei der lichtergiebigsten Füllung mit Neongas orangerot.

Glühlampen.

75. Betriebsbedingungen für Glühlampen. Die elektrischen Glühlampen erfordern für gleichmäßiges Brennen gleichbleibende Leitungsspannung. Die Lampen sind daher der Leitungsspannung entsprechend auszuwählen. Ein Überschreiten der für die Lampen festgesetzten Spannung führt eine Steigerung der Lichtstärke, gleichzeitig aber auch eine starke Abnutzung der Lampen herbei.

Lampen, die hintereinander geschaltet werden sollen, müssen für genau gleiche Stromstärke bestimmt sein, andernfalls tritt eine rasche Zerstörung der Lampen ein. Für Hintereinanderschaltung bestimmte Lampen müssen unter Angabe dieses Zweckes beschafft werden.

76. Untersuchung von Glühlampensendungen. Alsbald nach dem Eingang einer Glühlampensendung sind die Lampen nachzusehen, damit für beschädigte Lampen Ersatz vom Lieferanten beansprucht werden kann. Insbesondere gilt dies hinsichtlich der für den Transport weniger widerstandsfähigen Metalldraht- und Metallfadenlampen; mit diesen verfährt man wie folgt:

Bei oberflächlicher Untersuchung hält man jede Lampe gegen das Licht, um zu sehen, ob der Glühfaden nicht gebrochen ist. Genauere Untersuchung erfolgt durch vorübergehendes Einschalten der Lampen in einen Stromkreis und Beobachten des bei unversehrten Lampen eintretenden Aufleuchtens. Dabei schaltet man einen Widerstand, etwa eine zweite Glühlampe, in den betreffenden Stromkreis, ein nur schwaches, nicht blendendes Aufleuchten bezweckend. Im übrigen muß nachgesehen werden, ob die Spitzen der Glasbirnen unversehrt sind. Die unbeschädigt befundenen Lampen sind bis zur Benutzung behutsam aufzubewahren. Den Tisch, auf den man unverpackte Lampen ablegt, versehe man mit einer weichen Decke. Zum Aufbewahren der Lampen wähle man einen von starken Erschütterungen freien Ort. Im Lager sind die verpackten Lampen am besten lotrecht mit der Spitze nach unten aufzustellen.

77. Nutzbrenndauer der Glühlampen. Namentlich die Kohlefadenlampe nimmt im Verlauf ihres Brennens erheblich an Lichtstärke ab. Läßt man Kohlefadenlampen bis zum Durchbrennen des Glühfadens im Betrieb, so erhält man zum Schluß bei fast unverändertem Verbrauch eine schwache, zu teuer bezahlte Beleuchtung. Daher gilt als Regel, daß Lampen durch neue ersetzt werden sollen, wenn ihre Lichtstärke um $^1/_5$, d. h. um 20% des normalen Wertes, abgenommen hat. Die Brenndauer einer Lampe bis zur Erreichung dieser Grenze wird als Nutzbrenndauer bezeichnet. Die Nutzbrenndauer der Kohlefadenlampen beträgt etwa 800 Stunden.

78. Kohlefadenlampen. Das Leuchten der Lampen erfolgt durch das Glühen eines vom Strom durchflossenen Kohlefadens, der in eine luftleere Glasbirne eingeschlossen ist. Lampen für 110 Volt Leitungsspannung verbrauchen 3 – 3,5 Watt (W) für die erzeugte Lichteinheit (Hefnerkerze = HK). Die 16 kerzige Lampe verbraucht demnach 50—55 W. Lampen für 220 Volt (V) haben einen etwas höheren Verbrauch als diejenigen für 110 V.

79. Metalldraht- und Metallfadenlampen. Der in die luftleere Glasbirne eingeschlossene Leuchtkörper besteht aus Metall (Tantal, Wolfram, Zirkon). Je nach der Herstellung des Leuchtkörpers durch ein Zieh- oder Spritzverfahren unterscheidet man Metalldraht- und Metallfadenlampen. Den ersteren ist eine etwas größere Widerstandsfähigkeit gegen Erschütterungen eigen. Immerhin besitzen alle in großer Zahl bestehenden guten Fabrikate, Handelsbezeichnungen „Osram-, Wolfram-, Wotan-, Zirkonlampe usw.“, weitgehenden Anforderungen genügende Widerstandsfähigkeit. Nachstehend sei der Kürze wegen nur von Metalldrahtlampen gesprochen.

Der Leuchtkörper der Metalldrahtlampe wird auf höhere Weißglut gebracht, als derjenige der Kohlefadenlampe. Die Lampen geben daher eine weißere dem elektrischen Bogenlicht sich mehr nähernde Lichtfarbe. Wird der größere Glanz der Metalldrahtlampe störend empfunden, so verwendet man mattierte oder besser, die weniger Lichtverlust verursachenden halbmattierten Lampen.

Der Verbrauch der Lampen erreicht nicht den dritten Teil desjenigen der Kohlefadenlampe. Die bei den letzteren Lampen nachteilig empfundene Lichtstärkeabnahme ist den Metalldrahtlampen in nur geringem Maße eigen. Die Dauer der Lampen beträgt im Durchschnitt über 1000 Stunden. Diesen Eigenschaften, verbunden mit reicher Auswahl an Lampen verschiedener Art und Lichtstärke, ist sparsamster Beleuchtungsbetrieb zu danken.

Für die üblichen Spannungen, rd. 110 und 220 Volt, werden Lampen bis zu Lichtstärken von 1000 Kerzen hergestellt. Die Lichtstärkeabstufungen der im Handel geführten Lampen sind in der Betriebskosten-Tabelle unter 2 verzeichnet. Als Verbrauch rechnet man bei den wenig verlangten schwachen 5 und 10 kerzigen Lampen 1,5 W für 1 HK, bei Lampen von 16—32 Kerzen 1,1 W für 1 HK; stärkere Lampen verbrauchen für die erzeugte Lichteinheit noch weniger, die 1000kerzige Lampe nur noch 0,8 W für 1 HK. Werden schwächere Lampen für den letzteren niedrigen Verbrauch angeboten, so ist mit geringerer Haltbarkeit zu rechnen. Solche Lampen sind nicht zu empfehlen, weil das häufiger notwendige Lampen-Auswechseln lästig empfunden, dagegen die damit erreichte Stromkostenersparnis kaum gemerkt wird.

Größere Metalldrahtlampen können mit Erfolg an die Stelle kleiner und mittelstarker Bogenlampen treten, indem ihr Verbrauch demjenigen dieser Bogenlampen ungefähr gleich ist und sie weniger Bedienung erfordern.

Die Tantallampe, mit einem Verbrauch von 1,5 W für 1 HK, bildet eine Übergangsstufe zu den Metalldrahtlampen mit geringerem Verbrauch. Sie besitzt wesentlich größere Widerstandsfähigkeit und verdient bei in dieser Hinsicht ungünstigen Verhältnissen den Vorzug.

Den verschiedensten Sonderzwecken angepaßte Lampen, wie Lampen in Röhrenform für wenig Raum beanspruchende, abgeblendete Schaufensterbeleuchtungen, auf einer Seite auch mit reflektierendem Spiegelbelag, vervollständigen die für sparsame Glühlichtbeleuchtung verfügbaren Mittel.

80. Brennkosten der Lampen. Die Brennkosten der Glühlampen setzen sich in der Hauptsache aus den Kosten des elektrischen Verbrauchs und Lampenersatzes zusammen. Daher muß die Verwendung von Lampen mit geringem Verbrauch bei gegebener Lichtstärke angestrebt werden. Bedienungskosten kommen selten in Frage, weil das Auswechseln unbrauchbar gewordener Lampen und das Lampenreinigen meist ohne viele Mühe geschehen kann. Nur wenn die Lampen starkem Verschmutzen durch Staub und Ruß ausgesetzt sind, müssen die Bedienungskosten in Rechnung gezogen werden.

Welch große Ersparnis durch Anwendung sparsam brennender Lampen möglich ist, erhellt am einfachsten durch den Vergleich der Betriebskosten-Tabellen unter 2 für die Kohlefaden- und die Metalldrahtlampen. Der Ausrechnung der Tabellen ist die Lichtstärke neuer Lampen zugrunde gelegt. Damit ist die Lichtstärkeabnahme der Kohlefadenlampe im Verlauf der Benutzung unberücksichtigt geblieben, d. h. die Kohlefadenlampe etwas zu günstig beurteilt.

Die Anwendung der im Stromverbrauch unwirtschaftlichen Kohlefadenlampen kommt nur in Sonderfällen in Frage, wenn z. B. durch abnorme Spannungsschwankungen eine unverhältnismäßig starke Lampenabnutzung eintritt.

Sind die Spannungsschwankungen nicht zu groß, so verwendet man Metalldrahtlampen, die für die höchste vorkommende Spannung ausgewählt werden. Bei niedrigerer Spannung ist dann die Lichtstärke der Lampen geringer. Letzteres kann bis zu gewissen Grenzen in den Kauf genommen und dadurch gerechtfertigt werden, daß die Metalldrahtlampe bei abnehmender Spannung eine geringere Lichtstärkeabnahme hat als die Kohlefadenlampe.

81. Messen des Verbrauchs der Lampen. Will man den Verbrauch der Lampen mit Hilfe eines Elektrizitätszählers kontrollieren, so schaltet man eine bestimmte, nicht zu kleine Lampenzahl eine Stunde lang ein und liest den Stand des Elektrizitätszählers (vgl. 101) zuvor und danach ab. Hat man gleich helle und gleichwertige Lampen eingeschaltet, so ergibt sich der stündliche Verbrauch einer Lampe, wenn man die Zählerangabe durch die Lampenzahl dividiert. Das Ergebnis dieser Messung wird um so genauer, je größer die innerhalb der Belastungsgrenzen des Zählers zu wählende Lampenzahl ist. Hat man während mehrerer Stunden eingeschaltet, so ist das Ergebnis der Messung durch die Anzahl der Stunden zu dividieren. Der in Kilowattstunden angegebene Verbrauch einer Lampe wird in Wattstunden umgerechnet, indem man die ermittelte Zahl mit 1000 multipliziert. Die auf diese Weise für eine Stunde ermittelte Arbeit in Wattstunden ist gleichbedeutend mit der für den Betrieb der Lampe erforderlichen Energie in Watt.

Umgekehrt kann dies Verfahren zur oberflächlichen Kontrolle eines Elektrizitätszählers benutzt werden, wenn man den Verbrauch der Lampen kennt.

82. Lampenfassung. Die Lampenfassung dient zum Befestigen der Lampe an ihrem Träger und vermittelt die Verbindung der Lampe mit den stromführenden Leitungen. Die Fassung muß der Lampe sicheren Halt geben und eine von den spannungführenden Teilen isolierte Hülse besitzen. Man unterscheidet sog. Hahnfassungen, d. h. mit Schalter versehene Fassungen, und Fassungen ohne Hahn. Die ersteren kommen in Anwendung, wenn die Lampen bequem zu erreichen sind, z. B. für Tischlampen. Im übrigen benutzt man Fassungen ohne Hahn, wobei gesonderte Schalter an leicht zugänglichen Stellen angebracht werden.

Verfehlt wäre es, Hahnfassungen für nicht bequem erreichbare Lampen anzuwendeu. Es würde dadurch die Gefahr entstehen, daß beim Ein- und Ausschalten der Lampen an den Fassungen gerissen wird und sich die Fassungen oder die zugehörigen Lampenträger an ihren Befestigungen lockern. Derartige Beschädigungen sind häufig die Ursache von Kurzschlüssen oder von anderweitigem, mit Störungen im Lichtbetrieb verbundenen Stromübergang.

Die gebräuchlichen Fassungen eignen sich zur Aufnahme von Glühlampen bis zu 200 Kerzen. Somit können an jeder Stelle Lampen beliebiger Lichtstärke eingesetzt werden, solange die zulässige Strombelastung der Leitungen nicht überschritten wird. Dieser Umstand hat die anderen Beleuchtungsarten überlegene Anpassungsfähigkeit und Sparsamkeit elektrischer Beleuchtung im Gefolge. Eine größere Fassung, sog. Goliath-Fassung, ist für die größeren Lampen bis 1000 Kerzen bestimmt; also auch hier ist, ohne Änderung an den Einrichtungen, ein Wechsel in der Lichtstärke der Lampen in weiten Grenzen möglich.

Die Edison-Fassung üblicher Art, ohne Hahn, ist in Fig. 34 im Schnitt dargestellt. Die in die Fassung eingeführten Leitungsdrähte dürfen zur Verhütung einer gegenseitigen Berührung sowie einer Berührung mit stromleitenden Teilen der Fassung nur so weit blank gemacht werden, als zum Einlegen der Leitungsenden unter die Kontaktschrauben *a* und *b* notwendig ist. Die Kontaktschrauben müssen gut angezogen sein, um eine verlässige Verbindung mit den Leitungsenden herzustellen.

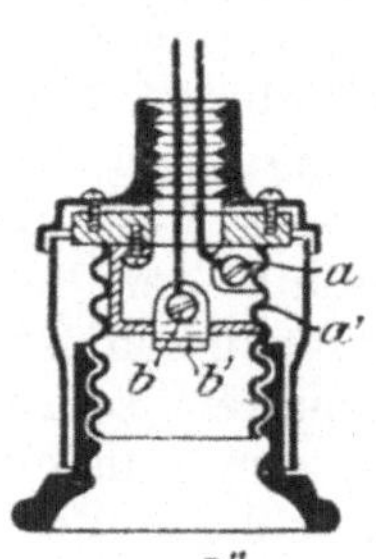

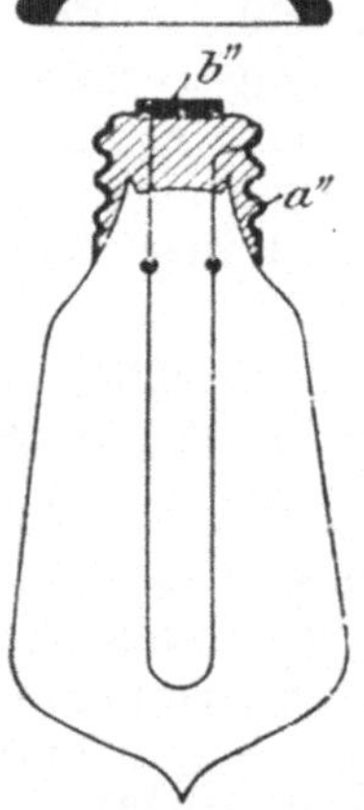

Fig. 34.

Die Stromüberführung in die Lampe (Fig. 34) erfolgt durch die metallische Berührung der Kontakte a' und b'

in der Fassung mit den Kontaktteilen der in die Fassung eingeschraubten Lampe, nämlich einerseits mit dem Gewinde a'' und andererseits mit der Kappe b''. Nach dem Einschrauben der Lampe in die Fassung müssen alle Kontaktteile, soweit sie Spannung gegen Erde führen, verdeckt sein. Fehlerhaft ist ein durch Fig. 35 *a* bei *x* gezeigtes Freiliegen eines Teils des spannungführenden Lampensockels. Dadurch kann das Bedienungspersonal beim Reinigen der Lampe elektrische Schläge erhalten, und stromleitende Gegenstände können mit den Kontaktteilen in Berührung kommen, Stromschluß und damit Feuersgefahr verursachend. Letzteres gilt z. B. für Schaufensterbeleuchtungen, wenn mit Metallfäden durchwobene Gespinste an die Lampenkontakte heranreichen, ebenso für den mit Flitter geschmückten, elektrisch beleuchteten Weihnachtsbaum. Vermieden wird dies, wenn der Lampengewindesockel durch die isolierende Hülse *H*, Fig. 35 b, oder in anderer Weise vollständig abgedeckt ist.

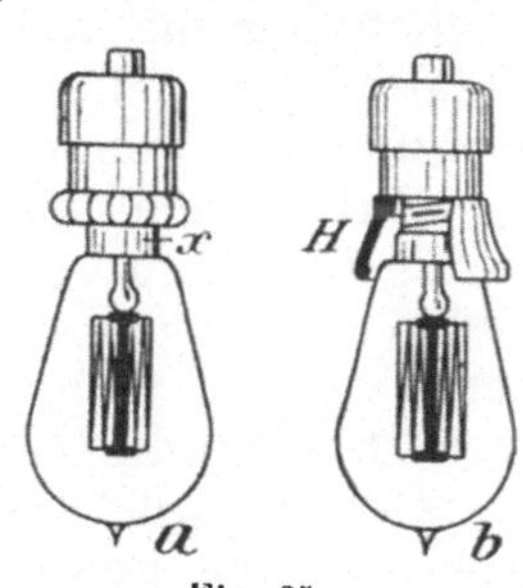

Fig. 35.

An Stellen, die dauernd Erschütterungen ausgesetzt sind, lockert sich der vorbezeichnete Gewindekontakt zwischen Fassung und Lampe, so daß die Lampe erlischt und schließlich herabfällt. Abhilfe erfolgt am sichersten durch Anwendung von Swan-Bajonettfassungen.

83. Lampenträger, Tischlampen, Pendel, Kronen, Wandarme usw., sollen ein bequemes Zuführen der Leitungsdrähte zu den Lampenfassungen ermöglichen. Zur Leitungsführung dienende Rohre dürfen daher nicht zu eng sein und keine scharfen Biegungen und Grate haben. Die Leitungen sollen zum Aufhängen der Lampen tunlichst nicht mitbenutzt und nötigenfalls durch Tragschnüre u. dgl. von Zug entlastet werden.

84. Lampenschirme und -Glocken haben den Zweck, die Lichtwirkung in einer bestimmten Richtung zu erhöhen oder das Licht zu zerstreuen, Blendwirkung zu beseitigen oder auch die Lampen vor Beschädigung zu schützen. Die wesentlichsten dabei zu beachtenden Umstände seien nachstehend aufgezählt:

Der für die Lampe am einzelnen Arbeitsplatz bestimmte Schirm muß die Lampe gegen das Auge des Arbeitenden abblenden und die Arbeitsfläche gut erhellen. Tischlampen erhalten meist weiße oder grüne Glasschirme, die letzteren nur bei vorhandener Allgemeinbeleuchtung, weil andernfalls zu großer Helligkeitsunterschied zwischen der beleuchteten Arbeitsfläche und der übrigen Raumbeleuchtung die Augen schädigt. Besteht Gefahr für Zerschlagen der Glasschirme, so werden emaillierte Blechschirme angewendet.

Zur Allgemeinbeleuchtung bestimmte Lampen erhalten für gute Lichtverteilung geeignete Reflektoren oder Glocken, Holophanglocken oder dgl. Nur wenn der Hauptwert, wie bei Glühlichtkronen, auf die Ausstattung gelegt wird, bleiben die ersteren Gesichtspunkte unberücksichtigt.

Schutzkörbe sind notwendig, wenn die Lampen vor Beschädigung bewahrt oder leicht brennbare Gegenstände von einer Berührung mit den Lampen ferngehalten werden sollen.

Handelt es sich um die Beleuchtung von Räumen, in denen explosive Gase auftreten, so sind dicht schließende oder besser für explosionsgefährliche Räume eigens gebaute Schutzglocken zur Aufnahme der Lampe nebst Fassung erforderlich.

Für transportable Lampen im Fabrik- und Lagerbetrieb werden den jeweiligen Anforderungen angepaßte, kräftig gebaute Schutzglocken oder -Körbe verlangt. Diese müssen den Vorschriften des Verbandes Deutscher Elektrotechniker vor allem dahingehend genügen, daß sie die mit der Handhabung der Lampen beschäftigten Personen vor elektrischen Schlägen schützen. Beachtung verdienen hier unter anderem die bei der Kesselreinigung benutzten, mit langen Anschlußkabeln versehenen transportablen Lampen. Für Beschaffung und Instandhaltung dieses Materials bediene man sich fachkundigen Rates.

85. Lampenschaltungen. Bei den üblichen Spannungen von 110 und 220 Volt wird im allgemeinen Parallelschaltung angewendet. Dieselbe besteht darin, daß jede

Lampe *A* (Fig. 36) mit den Hauptleitungen *a* und *b* verbunden ist und daher für sich ein- und ausgeschaltet werden kann. Neben den Glühlampen können anderweitige Stromverbraucher, Bogenlampen (vgl. Fig. 31) und Motoren eingeschaltet werden. Hintereinanderschaltung wird für Lampen niedrigerer Spannung angewendet. Man schaltet

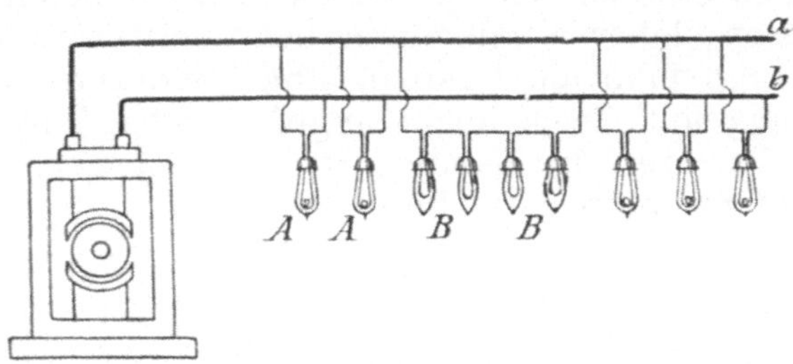

Fig. 36.

so viele Lampen gleicher Lichtstärke hintereinander, daß die Summe ihrer Spannungen gleich ist der zwischen den Hauptleitungen *a* und *b* herrschenden Spannung, d. h. gleich der Spannung der unmittelbar parallel geschalteten Lampen *A*. Dekorationslampen für 25 Volt (*B* Fig. 36) werden bei 100 Volt Leitungsspannung zu vieren hintereinander geschaltet.

Die Lampen werden so installiert, daß sie einzeln oder in geeigneten Gruppen gemeinsame Schalter erhalten.

Sonderzwecken dienende Lampenschaltungen werden den jeweiligen Anforderungen entsprechend ausgeführt. Dies ist der Fall, wenn an Glühlichtkronen je nach Bedarf eine größere oder kleinere Lampenzahl in Betrieb genommen werden soll, wenn bei Treppenhausbeleuchtung die Lampen am Hauseingang ein- und in den einzelnen Stockwerken auszuschalten sind oder umgekehrt, wenn Treppenhausbeleuchtungen in den späteren Nachtstunden nach erfolgtem Einschalten nur kurze Zeit brennen und selbsttätig wieder ausgeschaltet werden sollen.

86. Reinigen der Lampen. Das zeitweise notwendige Reinigen der Glühlampen von aufgelagertem Staub erfordert bei den Kohlefadenlampen und den Metalldraht-

7*

lampen mit in kürzeren Abständen gestüzten Leuchtfäden keine besondere Vorsicht. Bei Glühlampen jeder Art ist darauf zu achten, daß beim Herausnehmen der Lampe aus der Fassung die Spitze der Glasbirne nicht abgebrochen wird.

Metalldrahtlampen mit in größeren Abständen gestützten Leuchtfäden sind gegen Fadenbruch empfindlicher und müssen daher vorsichtiger behandelt werden. Am besten reinigt man die Lampen ohne Herausnehmen aus der Fassung mit einem leicht angefeuchteten Tuch.

Das Einsetzen der Lampen in die Fassungen muß bei geöffnetem Stromkreis erfolgen.

Anderweitige Stromverbraucher.

87. **Heizeinrichtungen.** Durchfließt der elektrische Strom einen Widerstand, so wird in demselben elektrische Arbeit (vgl. 29) in Wärme umgewandelt. Eine Verwertung dieser Stromwirkung in größerem Maßstab ist nur bei sehr niedrigen Einheitspreisen, 3—5 Pf. die kWst, angebracht. Für kurzzeitige Benutzung kann elektrische Heizung auch bei höherem Strompreis in Frage kommen, wenn rasches Anheizen verlangt wird oder die Inbetriebnahme einer Zentralheizung bei vorübergehender Kälte nicht lohnend ist. Für diesen Zweck stehen Heizkörper, Fußwärmer, elektrisch geheizte Teppiche usw. zur Verfügung. Zur Erwärmung einzelner Körperteile dienen elektrisch geheizte Kissen. Einrichtungen letzterer Art sollten bei Kindern und unbeholfenen Kranken mit Vorsicht und nicht ohne Überwachung angewendet werden, um einer bei unrichtiger Handhabung möglichen Überhitzung vorzubeugen.

Eine nach vorgenannten Grundsätzen im Großen durchgebildete Heizung besitzt die Sebalduskirche in Nürnberg mit unter den Fußbänken angebrachten Heizkörpern. Für Erlangung ausreichender Wärme genügt dort das Einschalten 1 Stunde vor Beginn des Gottesdienstes; ausgeschaltet wird 1/2 Stunde vor Schluß des Gottesdienstes.

Der jedesmalige Verbrauch für den Sitzplatz beträgt 0,35 kWst und kostet bei 10 Pf. Strompreis 3,5 Pf.

Zur Erzeugung sehr hoher, in technischen Betrieben beanspruchter Wärmegrade von 1000 und 2000⁰ C ist elektrische Heizung anderweitigen Wärmequellen in den meisten Anwendungen überlegen.

88. Kocheinrichtungen bieten im Vergleich zum Kochen mit offener Flamme so große Vorzüge, daß sie sich für Anwendung im Kleinen auch bei hohen Strompreisen immer mehr einbürgern. Für ausgiebige Benutzung in elektrisch betriebenen Küchen ist niedriger Strompreis Bedingung.

Die beste Stromausnutzung geben Kochtöpfe, Bratpfannen usw. mit eingebautem Heizkörper. Werden gewöhnliche Töpfe auf elektrisch geheizte Herdplatten gestellt so ist zufolge des Verlustes durch Wärmestrahlung größerer Stromaufwand nötig. Am sparsamsten wirkt die elektrisch geheizte Kochkiste.

Die Verbrauchskosten lassen sich außerdem durch Anpassen der Stromschaltung an den jeweiligen Wärmebedarf verringern. Der zum Ankochen notwendige Höchststrom kann mit dem der Kocheinrichtung beigegebenen Schaltapparat sehr bald auf den halben und dritten Teil verringert werden.

Die Haltbarkeit elektrischer Kocheinrichtungen ist von der mehr oder minder ordnungsgemäßen Handhabung abhängig. Erste Bedingung ist, daß Kochtöpfe nie ungefüllt unter Strom stehen, wenn nicht rasche Zerstörung eintreten soll, wie es ebenso für den gewöhnlichen Kochtopf zutrifft.

89. Andere elektrisch geheizte Gebrauchsgegenstände, Bügeleisen, Brennscherenwärmer u. dgl., leisten durch bequeme Handhabung, sowie große Betriebs- und Feuersicherheit wertvolle Dienste. Auch hier gilt als erste Regel, daß die Apparate nicht unbenutzt eingeschaltet sein dürfen, wenn Überhitzung und rasche Abnutzung vermieden werden sollen.

90. Elektromotorisch angetriebene Gebrauchsgegenstände, ausgestattet mit Motoren kleinsten Modells, als Haartrockner, Massageapparate und mit dem Starkstromnetz zu verbindendes Kinderspielzeug, werden häufig von elektrotechnisch unkundiger Seite hergestellt. Sie können in unfachgemäßer Ausführung für den Laien nicht erkennbare Gefahr in sich bergen, sowohl durch mangelnde Feuersicherheit, wie durch Stromübergang auf den menschlichen Körper. Bei dahingehenden Anschaffungen sollte ein Fachmann, etwa ein maßgebender Angestellter des Elektrizitätswerks, wenn tunlich gehört werden.

Nicht gleich große Vorsicht ist bei der Beschaffung elektromotorisch angetriebener Staubsauger, Waschmaschinen usw. notwendig. Hier handelt es sich um größere Motoren, die fast allgemein nach den Regeln der Starkstromtechnik hergestellt werden.

Apparate.

91. Regulierwiderstand. Mittels dieses Apparates bezweckt man durch Zu- oder Abschalten von Widerstand den Strom zu schwächen oder zu verstärken. Die Wärmeabgabe der Widerstände wird hier im Gegensatz zu den vorstehend beschriebenen Heizapparaten nicht ausgenutzt, vielmehr muß für eine unschädliche Ableitung der durch die Widerstände erzeugten Wärme gesorgt werden. Das Ein- und Ausschalten der Widerstände erfolgt in der Regel durch einen mit einer Kurbel versehenen, verschiebbaren Kontakt. Solche Apparate kommen in Anwendung zum Regulieren der Magneterregung an elektrischen Maschinen, der Stromentnahme für Bogenlampen usw. Für Glühlampen werden zuweilen Vorschaltwiderstände benutzt, um die Lampen nicht mit vollem Strom, also mit verminderter Lichtstärke, brennen zu lassen. Die hier verwendeten kleinen Widerstände sind in sog. Verdunkelungsschalter eingebaut, wobei die Lampen je nach der Schalterstellung mit voller oder verringerter Lichtstärke brennen.

Die sich erwärmenden Widerstände sind so aufzustellen, daß sie benachbarte brennbare Gegenstände nicht entzünden können. Erforderlichenfalls wird zwischen einer zum Befestigen des Widerstandes dienenden Holzwand und dem Widerstand ein Schutzblech angebracht, wobei durch geeignete Unterlagen an den Befestigungsstellen dafür zu sorgen ist, daß ein für die Luftkühlung erforderlicher freier Raum zwischen der Wand und dem Blech verbleibt. Ein Unterbringen der Widerstände in geschlossenen, nicht ventilierten Schränken ist unzulässig.

Die Kontakte der Widerstände, die durch die beim Verschieben der Schaltkurbel entstehenden Funken rauh werden und sich schwärzen, sind zeitweise mit feinkörnigem Glaspapier oder Schmirgelleinen abzureiben. Durch Reinigen in geeigneten Zeitabständen müssen die Widerstände staubfrei gehalten werden. Brüchig werdende Widerstandsdrähte sind zu erneuern, weil ein Abbrechen der Drähte während des Betriebes durch den an der Bruchstelle entstehenden elektrischen Lichtbogen feuergefährlich ist, insbesondere wenn auf den Widerständen leicht brennbarer Staub liegt.

92. Anlasser für Elektromotoren. Zum Ingangsetzen der Motoren sind sog. Anlasser erforderlich, um einem sowohl für den Motor selbst wie für die Stromzuführungen gefährlichen Anwachsen der Stromstärke vorzubeugen. Die Anlasser, deren Schaltung im Motorstromkreis unter 41 angegeben ist, bestehen entweder aus Metallwiderständen, die entsprechend der Zunahme der Umlaufzahl des Motors nach und nach ausgeschaltet werden, oder aus Flüssigkeitswiderständen. In letzterem Falle werden während des Anlaufens des Motors Eisenplatten in mit Sodalösung gefüllte Gefäße allmählich eingetaucht, wodurch der Flüssigkeitsquerschnitt für den Stromdurchgang vergrößert, der vorgeschaltete Widerstand also verringert wird. Während des regelrechten Betriebes des Motors dürfen die nur für kurz dauernden Stromdurchgang berechneten Widerstände nicht eingeschaltet bleiben. Widerstände, die zum Regeln der Umlaufzahl von Motoren verwendet werden, müssen für dauernde Strombelastung eingerichtet sein. Diese Widerstände sind größer und daher auch teurer als die nur zum Anlassen der Motoren bestimmten Widerstände.

Für die Unterhaltung der Anlasser gilt das gleiche wie für Regulierwiderstände (vgl. 91).

93. Schalter. Der Schalter dient zum Schließen und

Öffnen des Stromkreises. Die Wirkungsweise eines Schalters, wie er für Glühlampenstromkreise mit geringer Lampenzahl üblich ist, wird im nachstehenden an dem durch Fig. 37 schematisch dargestellten Apparat erläutert. Derselbe besteht aus den auf einer isolierenden Grundplatte befestigten Kontaktplatten *a* und *b*, die durch Kontaktschrauben *x* und *y* mit den Leitungen verbunden sind, und aus dem mit Hilfe des isolierenden Griffes *d* um die Achse *g* drehbaren Kontaktbügel *c*. Der Stromkreis ist geschlossen, wenn der Kontaktbügel *c* auf den Metallplatten *a* und *b* ruht, und geöffnet, wenn der Bügel *c* in der hierzu rechtwinkligen Stellung steht.

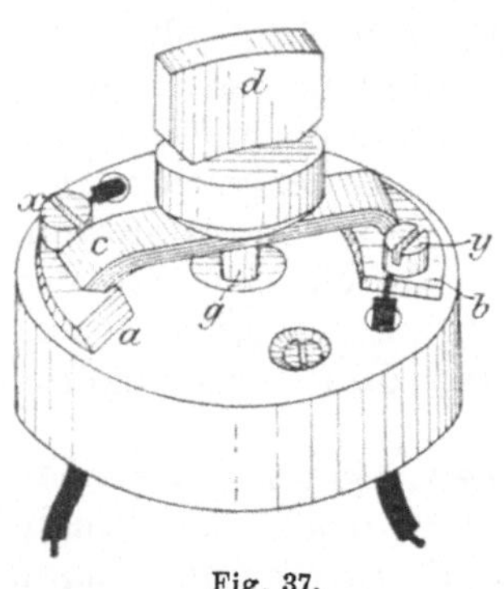

Fig. 37.

Die nicht fachkundigen Personen zugänglichen, außerhalb elektrischer Betriebsräume zu montierenden Schalter sollen Momentschalter sein, d. h. sie müssen so gebaut sein, daß die Stromunterbrechung unter Federwirkung rasch erfolgt und dadurch der zwischen den Kontakten sich bildende Lichtbogen rasch und sicher unterbrochen wird. Ferner muß der Apparat so eingerichtet sein, daß der Schalthebel in den Endstellungen Ruhelagen hat. Die Schalter müssen mit Gehäusen umgeben sein, die aus isolierendem Material hergestellt oder mit solchem überzogen oder ausgekleidet sind, und nichtleitende Griffe besitzen. Nur in Maschinenräumen usw., woselbst die Schalter ausschließlich fachkundigen Personen zugänglich sind, dürfen Apparate mit offenen Kontakten angewendet werden, auch kommen hier die weiteren obigen Forderungen, betreffend das Ausschalten unter Federwirkung usw., in Wegfall.

Sind mehrere Leitungspole gleichzeitig zu unterbrechen, so kommen zwei- und dreipolige Schalter in Anwendung. Es sind dies Apparate, in denen sich die Einrichtungen des einpoligen Schalters zwei- bzw. dreimal wiederholen. Solche Schalter sind notwendig, wenn alle Leitungen spannungslos gemacht werden sollen. Nur für Stromkreise mit wenigen Glühlampen sind nach den Vorschriften des Verbandes Deutscher Elektrotechniker einpolige Schalter zulässig. Ferner sind Schalter für geerdete und dadurch gegen Berühren ungefährliche Leitungen nicht erforderlich.

Sollen die Schalter nicht nur zum Schließen und Öffnen des Stromkreises, sondern auch zum Wechseln in der Zahl der eingeschalteten Lampen usw. dienen, so verwendet man Umschalter. Dies ist der Fall, wenn in Glühlichtkronen je nach Bedarf eine größere oder kleinere Lampenzahl eingeschaltet werden soll. Ferner lassen sich mit Hilfe von Umschaltern Lampen von verschiedenen Stellen aus ein- und ausschalten, indem man z. B. eine Schlafzimmerlampe mit einem neben der Zimmertür angebrachten Schalter ein- und mit einem am Bett angebrachten Schalter ausschaltet oder umgekehrt.

Die Schalter werden an den Stellen angebracht, von denen aus die Unterbrechung des Stromkreises am zweckmäßigsten bewirkt wird, z. B. für die Beleuchtungseinrichtungen in Zimmern bequem erreichbar neben der Tür.

Sind die elektrischen Einrichtungen nicht regelmäßig im Betrieb, wie dies bei Beleuchtungsanlagen für Versammlungsräume oder bei nicht das ganze Jahr hindurch benutzten Wohnungen der Fall ist, so empfiehlt sich der Einbau eines allpoligen Schalters in die Stromzuleitungen. Man kann dann die betreffende Leitungsanlage in allen Teilen spannungslos machen und dadurch eine bei Fehlern in den Leitungen sonst mögliche Feuersgefahr verhüten.

Die Bedienung der Schalter soll nicht zögernd geschehen, namentlich ist darauf zu achten, daß der Schalthebel nur die dem geschlossenen oder geöffneten Stromkreis entsprechenden Stellungen, aber keine Zwischenstellung, einnimmt. Erlahmen die zu diesem Zweck an den Apparaten vorhandenen Federn, so ist zur Verhütung weiterer Schäden für baldige Abhilfe zu sorgen. Das gleiche gilt, wenn die Schalter sich erwärmen oder an mangelhaften Kontakten ein von Lichtbogenbildung herrührendes zischendes Geräusch auftritt. Die Abhilfe besteht in einem Nachspannen oder in einer Erneuerung der Spannfedern, ferner im Reinigen der Kontaktflächen mit feinkörnigem Schmirgelleinen. Lassen sich die Fehler hierdurch nicht beheben, so ist für Auswechselung der Schalter umgehend zu sorgen.

Die normale Betriebsstromstärke und Spannung, für die ein Schalter gebaut ist, findet sich auf demselben verzeichnet.

94. Schmelzsicherungen. Dieselben enthalten einen Draht oder Metallstreifen von solcher Querschnittsbemessung, daß dieser Stromleiter abschmilzt, ehe der Strom die zu schützende Drahtleitung in gefährlicher Weise zu erwärmen vermag. Hierdurch wird einem Überlasten und nachfolgenden Erglühen der Leitungen vorgebeugt. Sicherungen sind im allgemeinen bei jeder Verminderung des Leitungsquerschnittes erforderlich, um den hinter der Sicherung beginnenden schwächeren Drahtquerschnitt zu schützen. Eine Ausnahme von dieser Regel besteht nur für die letzten Leitungsverzweigungen, die meistens gemeinsam gesichert werden.

Soweit die Sicherungen außerhalb elektrischer Betriebsräume montiert werden, müssen ihre spannungführenden Teile gegen unwillkürliche Berührung isolierend und feuersicher umkapselt sein. Die Sicherungen von 6—30 Ampere Normalstromstärke müssen in dem Sinne unverwechselbar sein, daß eine fahrlässige oder irrtümliche Verwendung von Schmelzeinsätzen für zu hohe Stromstärke ausgeschlossen ist. Dies wird dadurch erreicht, daß die Schmelzdrähte oder -streifen in auswechselbaren Patronen oder Stöpseln untergebracht sind, und die Sicherungssockel bei der Montage Stellschrauben erhalten, die das Einsetzen zu starker Schmelzeinsätze verhindern. Verfehlt wäre es, hieran nachträglich etwas zu ändern und dadurch die Anwendung von Schmelzeinsätzen für zu hohe Stromstärke zu ermöglichen. Derartiges Vorgehen würde das rechtzeitige Wirken der Apparate bei in den Leitungen vorkommenden Fehlern und damit den bezweckten Schutz gegen Feuersgefahr aufheben. Die Normalstromstärke und die zulässige Höchstspannung sind auf den Schmelzeinsätzen verzeichnet.

Eine zweipolige Sicherung veralteter Bauart, die sich für die nachstehende Erläuterung des Konstruktionsprinzips gut eignet, ist in Fig. 38 dargestellt. Die Sicherung besteht aus den auf einer isolierenden und feuersicheren Grundplatte montierten Kontaktteilen *a a'* und *b b'*, zwischen welche die Schmelzstreifen *x* und *y* eingesetzt werden. Sind die Stromzuführungen mit den Kontakten *a* und *b* und die zu den Lampen führenden Leitungen mit den Kontakten *a'* und *b'* verbunden, so werden beim Auftreten zu hoher Stromstärke die Schmelzeinsätze *x* und *y* abschmelzen und die Stromzuführung zu der Fehlerstelle unterbrechen.

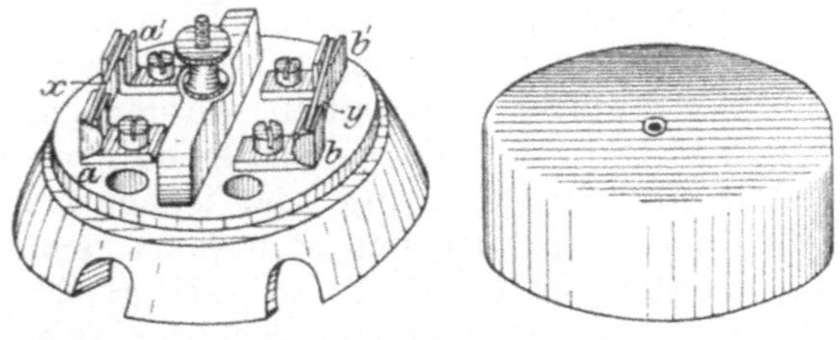

Abb. 38.

Aus sicherheitstechnischen Gründen sollten nur gut gebaute Apparate verwendet werden, vor den vielfach angebotenen verfehlten Konstruktionen wird dringend gewarnt. Von der Vereinigung der Elektrizitätswerke sind zweiteilige Patronensicherungen empfohlen, bei denen die den Schmelzeinsatz enthaltende Patrone durch eine Schraubkappe mit Edisongewinde im Sicherungsapparat festgehalten wird. Nach dem Durchschmelzen der Sicherung ist nur die Patrone auszuwechseln.

Nach der Fertigstellung einer Anlage verschaffe man sich durch Befragen des Monteurs Aufklärung, wo und unter welchen Bezeichnungen neue Sicherungen erhältlich und wie sie einzusetzen sind, ferner auf welche Weise man erkennt, daß eine Sicherung durchgeschmolzen ist.

95. Ersatz durchgeschmolzener Sicherungen. Schmilzt eine Sicherung durch, so soll, ehe eine neue Sicherung eingesetzt wird, die Leitung untersucht und ein etwaiger Fehler beseitigt werden. In dringenden Fällen kann man den Versuch machen, ohne weiteres eine neue Sicherung einzusetzen. Erfolgt dann abermals ein Durchschmelzen der Sicherung, so muß die Leitung bis nach erfolgtem Beseitigen des Fehlers ausgeschaltet bleiben, und zwar am besten an beiden Polen, indem man auch die etwa unbeschädigte Sicherung im entgegengesetzten Leitungspol herausnimmt. Beim Einsetzen einer Sicherung soll der betreffende Stromkreis, wenn angängig, mittels des zugehörigen Schalters ausgeschaltet werden.

Die Anforderungen an Feuer- und Betriebssicherheit bedingen, daß die Erneuerung von durchgeschmolzenen Sicherungen durch genau passende Ersatzteile erfolgt. Die Ersatzpatronen oder Stöpsel sollten daher nur von einer verlässigen Fabrik entnommen werden, am besten von derjenigen Fabrik, der die vorhandenen Apparate entstammen. Viele für die Lieferung und namentlich für die Reparatur der Sicherungspatronen sich anpreisende Firmen bieten keine genügende Gewähr, so daß große Vorsicht geboten ist. Der Reparatur von Sicherungspatronen ist aufs entschiedenste zu widerraten. Am verwerflichsten wäre es, die Reparatur von Sicherungspatronen, deren richtige Bemessung und Herstellung eingehende Spezialkenntnisse erfordert, dem eigenen Maschinisten zu überlassen oder gar aushilfsweise die Sicherungsklemmen mit Leitungsdrähten zu überbrücken. Durch solche Maßnahmen werden die Sicherungen wirkungslos, so daß ein bei Leitungsüberlastung von ihnen verlangtes selbsttätiges Ausschalten unterbleibt und damit Feuersgefahr entsteht.

96. Schalttafel. Um die Apparate, namentlich die Sicherungen ordnungsmäßig bedienen zu können, sind dieselben an leicht zugänglichen Stellen auf Schalttafeln zu vereinigen. Neben den Apparaten angebrachte Schildchen mit Aufschrift müssen erkennen lassen, zu welchen Lampengruppen die einzelnen Apparate gehören.

Das Schema einer Schalttafel nebst zugehörigen Stromverteilungsleitungen ist in Fig. 39 angegeben. Die Sammelschienen S sind mit den Stromzuleitungen P und N verbunden. Die drei Lampenstromkreise P' N' sind unter Zwischenschalten der Sicherungen s abgezweigt. Werden die Schalter für die Stromkreise nicht in den zugehörigen

Räumen verteilt, so finden sie auf der Schalttafel bei *u* Aufnahme. Von einem der Leitungspaare ist die transportable Tischlampe *T* mit Kontaktstecker und Leitungsschnur abgezweigt.

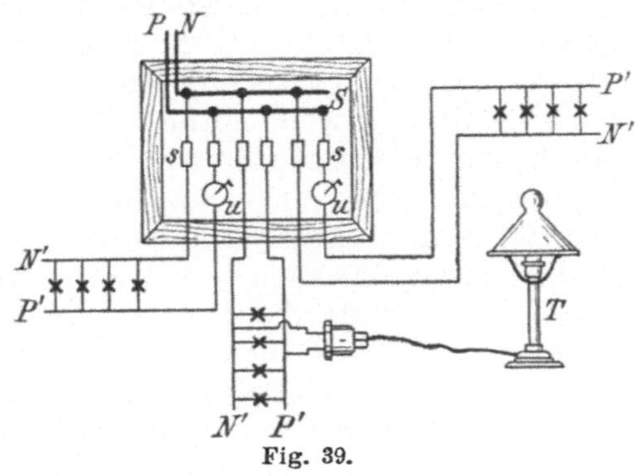

Fig. 39.

Fehlerhaft würde es sein, unter Vermeidung von Schalttafeln, die Sicherungen im Leitungsnetz zerstreut, gerade dort anzuordnen, wo ein Abzweigen von Leitungen notwendig ist. Dadurch würde das beim Untersuchen einer Leitungsanlage mit Hilfe der Sicherungen vorzunehmende Unterteilen des Netzes, sowie das Nachprüfen der Sicherungen erschwert oder unmöglich gemacht werden. Die Folge wäre eine erhebliche Beeinträchtigung der Betriebssicherheit.

97. Anschlußdosen. Anschlußdosen sind zum Abzweigen beweglicher Leitungsschnüre von festverlegten Leitungen erforderlich.

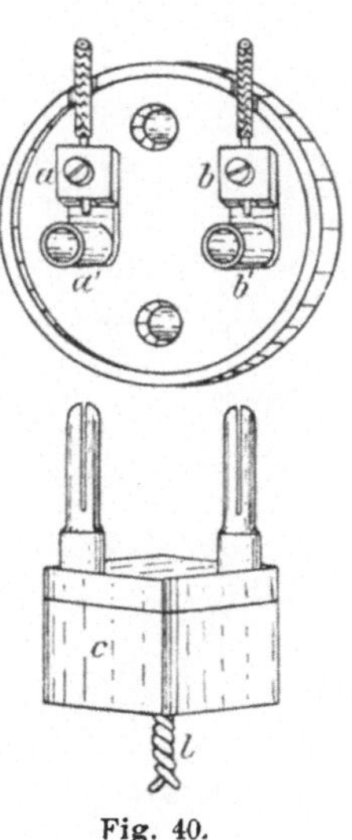

Fig. 40.

a) Anschlußdosen für Tischlampen usw. Die zu transportablen Stromverbrauchern führenden Leitungsschnüre müssen Anschlußdosen mit lösbaren Kontakten (Stecker) erhalten. Eine Anschlußdose ist in Fig. 40 ohne die den Abschluß der Kontaktteile bewirkende Hülse dargestellt. Die Klemmen *a* und *b* dienen für den Anschluß an die fest verlegten Leitungen, die Verbindungen mit den federnden Kontaktstiften des Steckers *c* werden in den Hülsen *a'* und *b'* bewirkt. Die Enden der aus Kupferseilchen bestehenden Leitungsschnur

l sind mit den im isolierenden Griff c des Steckers enthaltenen Klemmen gut leitend verbunden.

Die Stecker müssen so gebaut sein, daß sie in keine Kontakte passen, die für höhere im Anschlußapparat des Steckers nicht vorgesehene Strombelastung bestimmt sind. Für einzelne Anwendungen ist es notwendig, daß der Stecker zur Vermeidung von Polverwechslung nur in bestimmter Stellung eingesetzt werden kann. Bestehen im Anschluß an Elektrizitätswerke verschiedene Preise für die Stromentnahme zu Licht- und Kraftzwecken, so müssen die hierfür dienenden Stecker derart voneinander abweichen, daß die Stecker für den teuren Lichtstrom in die Dosen für Kraftstrom nicht passen. Werden die Stecker in Räumen benutzt, in denen Stromübergang durch den Körper beim Berühren blanker Kontaktteile gefährlich werden kann, so müssen sie mit geeigneten Schutzhülsen versehen sein. Das ist der Fall bei den sog. Kragensteckern, die einem Berühren der Steckerbolzen auch während des Einsteckens in die Anschlußdose vorbeugen.

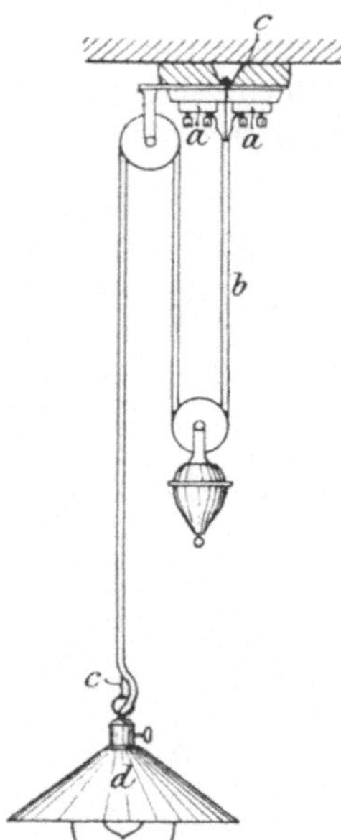

Fig. 41.

Die normale Betriebsstromstärke und -spannung müssen auf dem festen Teil des Apparates und auf dem Stecker vermerkt sein.

b) Anschlußdosen für Zugpendel. Die Anschlußdosen für Zugpendel (Fig. 41) enthalten zwei Kontaktplatten a mit je zwei Kontaktschrauben für den Anschluß der Abzweigungen von den fest verlegten Leitungen und den Anschluß der Leitungsschnur b des Zugpendels. Die Anschlüsse der Leitungsschnur müssen mit Hilfe der mit den Leitungen verflochtenen Tragschnur c von Zug entlastet sein. Für die Zugpendel - Anschlußdosen sind Sicherungen in den an der Decke angebrachten, schwer zugänglichen Anschlußdosen unzweckmäßig. Der an dem Lampenschirm *d* (Fig. 41) angebrachte Bügel *e* erleichtert das Verschieben der Lampe in der Höhenlage und trägt dadurch zur Schonung der Leitungsschnur bei.

98. Stromzeiger. Derselbe dient zum Ablesen der Stromstärke, indem der durch die Stromwirkung abgelenkte Zeiger des Apparates über einer mit Ampereteilung versehenen Skala spielt. Fig. 42 zeigt die Schaltung des Stromzeigers *A* in der von der Maschine ausgehenden Leitung *a*. Der Apparat dient hier zum Ablesen des von der Maschine erzeugten Gesamtstroms. Gleicherweise kann der Apparat in jede Leitungsabzweigung zum Zweck des Ablesens des in derselben fließenden Stromes eingeschaltet werden.

99. Spannungszeiger. Der Spannungszeiger, in Fig. 42 mit *V* bezeichnet, wird ebenso wie eine Glühlampe mit

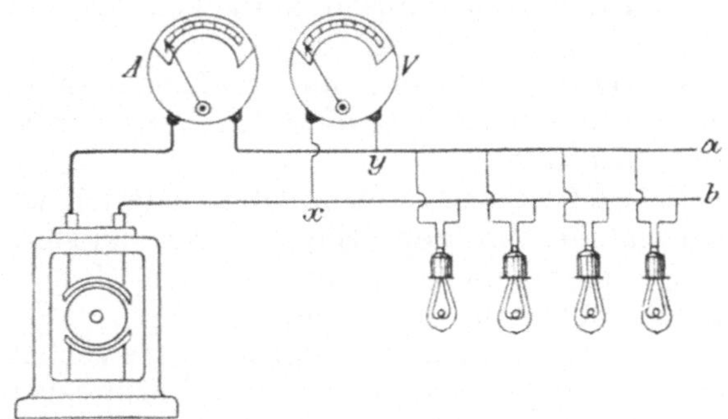

Fig. 42.

dem Leitungsnetz verbunden und gibt die Spannung zwischen denjenigen Punkten der Leitungen an, von welchen die zum Apparat führenden Drähte abgezweigt sind. Bei der dargestellten Schaltung wird die zwischen den Punkten *x* und *y* herrschende Spannung abgelesen.

100. Elektrizitätszähler. Die Zähler ermöglichen das Verrechnen des elektrischen Verbrauchs auf Grund eines vereinbarten Tarifs. Der Verbrauch in Kilowattstunden wird am Zifferblatt des Zählers oder an dessen Skala in der Regel unmittelbar abgelesen.

Für die Zähleraufstellung wähle man einen trockenen Raum, der für die das Ablesen besorgenden Personen, Angestellte der Elektrizitätswerke, leicht zugänglich sein muß. Das Ablesen sollte ohne Benutzung einer Leiter oder eines Trittes möglich sein. Für an Straßenkabelnetze angeschlossene Zähler wird ein Platz in der Nähe der Kabeleinführung verlangt.

Die Größe der Zähler ist der zu erwartenden Strombelastung tunlichst anzupassen, weil dadurch die Genauigkeit der Messung erhöht wird. Für Lichtbetrieb, wobei gleichzeitiges Brennen aller Lampen selten vorkommt, genügt es, die Zähler für 80% der vorhandenen Lampen zu bemessen. Für Motorenbetrieb müssen die Zähler reichlicher bemessen werden, als der normalen Stromentnahme durch die Motoren entspricht, um eine Beschädigung der Zähler durch die beim Ingangsetzen der Motoren und bei vorübergehenden Überlastungen derselben vorkommenden höheren Stromstärken zu verhüten.

Abweichungen von dem auf einfachem Messen des Verbrauchs beruhenden Zähler sind durch die verschiedenen Tarifsysteme bedingt:

a) Zeitzähler sind Uhren, die lediglich die Dauer der Stromentnahme anzeigen. Sie genügen bei stets gleichbleibender Stromentnahme, wenn etwa ein Motor mit unveränderlicher Belastung betrieben wird.

b) Doppeltarifzähler werden angewendet bei mit der Tageszeit wechselndem Tarif. Der Meßapparat solcher Zähler wird abwechselnd mit zwei Zählwerken verbunden, wovon das eine für die Verrechnung des Verbrauchs nach dem hohen, das andere nach dem niedrigen Tarif dient. Der hohe Tarif hat für die Zeiten der starken Beanspruchung des Elektrizitätswerks Geltung, im Winter meist für die Zeit von 4—8 Uhr abends.

Das selbsttätige Umschalten des Zählwerks nach einer in den Stromlieferbedingungen des Elektrizitätswerks festgesetzten Zeitskala erfolgt durch eine mit dem Zählwerk verbundene Uhr oder durch elektrische Schaltapparate vom Elektrizitätswerk aus. Die Stromabnehmer sind in der Lage, in den Zeiten des ihnen bekannten und in der Regel an dem Zählwerk ersichtlichen hohen Tarifs die Stromentnahme einzuschränken, z. B. nicht dauernd benötigten Motorbetrieb in die Zeit des niedrigen Tarifs zu verlegen.

c) Selbstkassierender Zähler. Für kleinen Verbrauch haben einige Elektrizitätswerke selbstkassierende Zähler eingeführt. Dieselben ermöglichen die Stromentnahme nach der Art der bekannten Automaten durch Einwerfen einer bestimmten Münze, in der Regel eines 10-Pfennigstücks. Die eingeworfenen und für Stromentnahme noch nicht verbrauchten Münzen sind hinter Glas sichtbar, oder es läßt sich ihre Zahl an einem Zifferblatt ablesen. Die Apparate haben außerdem das übliche Zählwerk. Der Tarif ist im Vergleich zu demjenigen ohne Selbstkassierung etwas erhöht, indem er die Zählermiete einschließt. Der Abnehmer ist dann durch das behufs Stromentnahme zu bewirkende Geldeinwerfen in den Zähler aller Verpflichtungen dem Elektrizitätswerk gegenüber enthoben.

d) Höchststrom-Anzeiger sind eingeführt bei vereinbartem Pauschaltarif nach Maßgabe der höchsten Stromentnahme.

e) Überlastungsschalter (Strombegrenzer) dienen ebenfalls für Pauschaltarif, wenn ein vereinbarter Höchststrom nicht überschritten werden darf. Dieselben bewirken Unterbrechung der Stromlieferung sobald die zulässige Stromstärke überschritten wird und schalten für dauernde Stromentnahme wieder ein, sobald der normale Zustand hergestellt ist.

101. Ablesen der Elektrizitätszähler. Das Ablesen eines mit Zifferblättern ausgestatteten Zählers wird im folgenden an den durch Fig. 43 dargestellten Zeigerstellungen erläutert.

Die drei untereinander gezeichneten Zeigerstellungen seien durch den Verbrauch in zwei aufeinanderfolgenden Monaten (Januar und Februar) entstanden. Beim Ablesen (das Ergebnis steht rechts neben den Zifferblättern) beginne man mit den hohen Zahlenwerten. Der Zählerstand am 1. Januar (598) bietet keine Schwierigkeit, dagegen können die Zeigerstellungen am 1. Februar und 1. März, wie sie infolge von Zahnluft vorkommen, Irrtümer verursachen. Am 1. Februar steht der Zeiger des Zifferblattes 1000 auf 2, trotzdem ist 1 abzulesen, weil der Zeiger des Zifferblattes 100 erst zwischen 8 und 9 und nicht schon wieder auf 0 oder vor 0 steht. Wenn 2859 statt des richtigen 1859 abgelesen werden sollte, müßte der Zeiger des Zifferblattes 1000 in der Nähe von 3 stehen. Daß am 1. März 2498 statt 2598 abzulesen ist, erklärt sich am einfachsten durch den Vergleich mit der Zeigerstellung am 1. Januar, welche die Ablesung 598 ergibt. Bei regelmäßiger Verrechnung des Verbrauchs heben sich Ablesefehler dadurch auf, daß ein zu viel berechneter Verbrauch

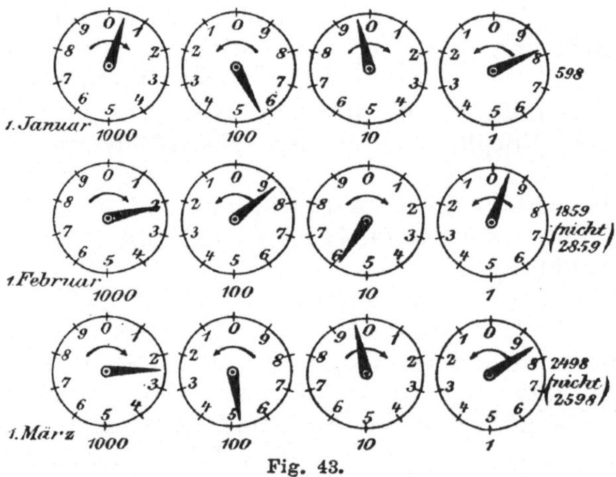

Fig. 43.

bei der folgenden Rechnungsaufstellung als Minderverbrauch sich geltend macht und umgekehrt zu wenig berechneter Verbrauch bei der Aufstellung für den folgenden Monat als Mehrverbrauch.

Sind die Zähler mit springenden Zahlen versehen, so geben die nebeneinanderstehenden Zahlen ohne weiteres den jeweiligen Zählerstand an.

Zum Berechnen des Verbrauchs bedient man sich folgender Tabelle, wobei angenommen sei, daß ein Strich des Zifferblattes 1 in Fig. 43 eine Kilowattstunde bedeutet.

Tag der Ablesung	Ablesung	Voreilung
	Verbrauch in Kilowattstunden	
1913		
1. Januar	598	—
1. Februar	1859	1261
1. März	2498	639

Wie aus der Tabelle hervorgeht, ergibt sich der Verbrauch in einer bestimmten Zeit, indem man den am Anfang jener Zeit abgelesenen Zählerstand von dem Zählerstand am Ende des betreffenden Zeitabschnittes abzieht. Um den Verbrauch im Monat Februar zu erhalten, muß der Zählerstand am 1. Februar „1859“ von dem Zählerstand am 1. März „2498“ abgezogen werden; im Februar wurden sonach 2498—1859 = 639 Kilowattstunden verbraucht.

Lassen sich die Verbrauchseinheiten am Zifferblatt des Zählers nicht unmittelbar ablesen, so müssen die aus den Zählerablesungen berechneten Voreilungen mit der Zählerkonstanten multipliziert werden. Ist z. B. für obigen Fall die Zählerkonstante gleich 0,5, d. h. entspricht ein Strich des Zifferblattes 1 einem Verbrauch von 0,5 Kilowattstunden, so muß die aus den Zählerablesungen sich ergebende Voreilung mit 0,5 multipliziert werden. Der Verbrauch im Monat Februar würde betragen: 639 . 0,5 = 319,5 Kilowattstunden.

102. Prüfung der Elektrizitätszähler. Das Gesetz, betr. die elektrischen Maßeinheiten, vom 1. Juni 1898 schreibt vor, daß die Angaben der bei der gewerblichen Abgabe elektrischer Arbeit benutzten Meßgeräte auf den gesetzlichen Einheiten beruhen müssen, und verbietet den Gebrauch unrichtiger Meßgeräte. Ein gesetzlicher Zwang zur amtlichen Prüfung der elektrischen Meßgeräte und der hierbei namentlich in Frage kommenden Elektrizitätszähler ist nicht eingeführt. Indes steht es jedermann frei, eine amtliche Prüfung herbeizuführen. Regelmäßige Prüfung der Elektrizitätszähler ist geeignet, das hinsichtlich der Richtigkeit ihrer Angaben verschiedentlich bestehende, selten aber berechtigte Mißtrauen zu beseitigen. Die Prüfungen erfolgen durch die an verschiedenen Orten errichteten, unter der Aufsicht der Physikalisch-Technischen Reichsanstalt, Charlottenburg, stehenden elektrischen Prüfämter. Elektrische Prüfämter bestehen zurzeit in Bremen, Chemnitz, Frankfurt a. M., Hamburg, Ilmenau, München und Nürnberg.

Nach vollzogener Prüfung eines Elektrizitätszählers auf die durch die Prüfordnung festgesetzten Fehlergrenzen wird seitens des Prüfamtes ein Prüfungsschein ausgefertigt, auch erhält der Elektrizitätszähler ein ebenfalls durch die Prüfordnung festgesetztes Stempelzeichen. Außerdem wird der Zähler durch das Bleisiegel des Prüfamtes verschlossen. Zähler, die ihrer Konstruktion nach nicht dauernd verschließbar sind und auch nicht dafür eingerichtet werden können, werden für die Prüfung nicht angenommen.

Die Höhe der durch Tarif festgesetzten Prüfgebühren richtet sich nach der Stromstärke, für die ein Zähler bestimmt ist, und nach der Art des Zählers (Zweileiter-, Dreileiterzähler usw.), in geringem Maße auch nach der Spannung, für die ein Zähler gebaut ist. Bei Zählern für Stromstärken bis 30 Ampere, bei 220 Volt Spannung, betragen die Prüfgebühren je nach der Zählergröße (Höhe der Stromstärke) M. 4 bis M. 8,50.

103. Spannungssicherungen. Diese verhindern gefährlich hohe Spannung in Niederspannungsstromkreisen, wenn Isolationsfehler in den Transformatoren (vgl. 46) vorkommen und Hochspannung in die Niederspannungs wickelung übertritt. Die hier angewendeten Spannungssicherungen bestehen meistens aus gelochten, zwischen Metall stücke gepreßten Glimmerblättchen. Die Metallstücke sind einerseits mit den zu schützenden Leitungen und andererseits mit einer Ableitung zur Erde verbunden. Tritt eine Überspannung auf, so wird der Luftraum an der gelochten Stelle des Glimmerblättchens durchschlagen und dadurch die Lichtleitung geerdet, für eine sie berührende Person somit ungefährlich gemacht.

104. Blitzschutzvorrichtungen und Überspannungs-

sicherungen dienen zum Schutz gegen Überspannungen zwischen den Leitungen und Erde, sowie zwischen den Leitungen untereinander. Dabei handelt es sich um den Ausgleich der Luftelektrizität nach der Erde und um die Ableitung von Überspannungen, die in den Leitungen durch Induktion bei Blitzentladungen, durch das Ein- und Ausschalten hoher Stromstärken usw. entstehen. Die Schutzvorrichtung muß eine in den Leitungen entstandene Überspannung ableiten, ohne die Maschinen und Leitungsanlagen zu gefährden. Ein dabei in der Schutzvorrichtung durch den Strom im Leitungsnetz sich bildender Lichtbogen muß durch den Apparat selbsttätig unterbrochen werden.

Als einer der gebräuchlichsten Apparate sei der Siemenssche Hörnerableiter (Fig. 44) beschrieben: Der-

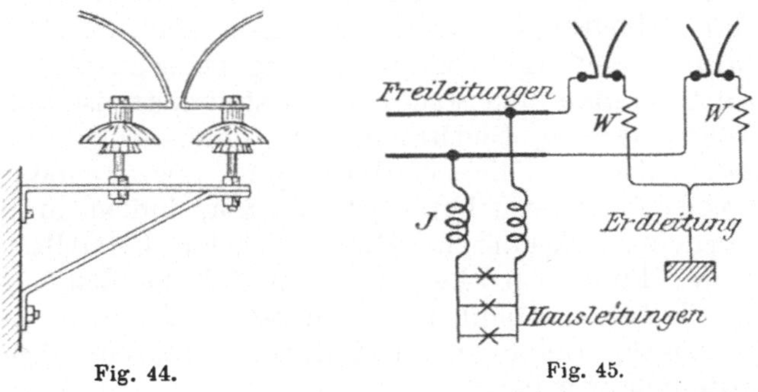

Fig. 44. Fig. 45.

selbe besteht aus zwei im unteren Teil einander nahe gegenüberstehenden Kupferleitern in Hörnerform, auf Isolatoren montiert. Das eine Horn wird mit der Stromleitung und das andere mit der Ableitung zur Erde verbunden. Der Übertritt der Entladung erfolgt an der Stelle des geringsten Abstandes der Hörner. Wird hier durch den Entladungsfunken die Bildung eines Lichtbogens mit Strom aus dem Leitungsnetz eingeleitet, so wandert derselbe, infolge elektrodynamischer Wirkung und durch die aufsteigende heiße Luftströmung getrieben, nach oben und reißt ab, nachdem er zwischen den Hörnern immer länger geworden ist.

Das Schaltungsschema in Fig. 45 zeigt, wie die

Hörnerableiter einerseits mit den im gegebenen Falle unter Überspannung stehenden Freileitungen, andererseits unter Zwischenschaltung von Widerständen *W* mit einer Erdleitung verbunden sind.

Einem Übertritt der Entladung in die Hausleitungen oder in die Maschinen wird durch die vorgeschalteten Drosselspulen *J* vorgebeugt, die durch ihre Induktionswirkung der Entladung Widerstand entgegensetzen.

Als Erdleitung verwendet man in der Regel eine verzinkte Eisenplatte von mindestens 1 qm einseitiger Fläche und 3 mm Dicke, die mit den Ableiterapparaten gut leitend verbunden wird.

Außerdem ist Anschluß der Erdleitung an etwa vorhandene Rohrnetze und alle übrigen in der Erde liegenden größeren Metallmassen notwendig. Diese sind gut leitend untereinander zu verbinden. Die im Handbereich liegenden Ableitungen nach der Erde sind durch Holzverschalung oder dgl. vor Berührung zu schützen.

Die Überspannungssicherungen sind zeitweise, namentlich nach starken Gewittern, zu untersuchen und zu reinigen. Durch die Entladungen etwa entstandene Schmelzperlen müssen beseitigt werden, indem man den ursprünglichen Zustand möglichst wieder herstellt. Die Länge der Funkenstrecken ist von Zeit zu Zeit nachzuprüfen. Selbstverständlich dürfen solche Arbeiten nur an spannungslosen Leitungen und durch erfahrene Monteure vorgenommen werden.

105. Aräometer. Das Aräometer (Senkwage) wird zur Bestimmung der Dichtigkeit der Akkumulatorenflüssigkeit (vgl. 54) benutzt. Dasselbe besteht aus einer am unteren Ende beschwerten, mit Luft gefüllten Glasröhre, welche, in der Flüssigkeit senkrecht schwimmend, je nach deren Dichtigkeit mehr oder weniger tief in dieselbe eintaucht. Die Dichtigkeit wird an der an der Röhre befindlichen Gradteilung an dem Punkte abgelesen, welcher mit der Flüssigkeitsoberfläche zusammenfällt. Die Angabe der Dichtigkeit geschieht in spezifischem Gewicht oder in Graden nach Baumé.

Leitungen.

106. Leitungssysteme. Die am meisten angewendeten Leitungssysteme sind nachstehend unter Angabe ihrer wesentlichen Merkmale aufgezählt:

a) Zweileitersystem. Die Lampen sind parallel geschaltet und an die beiden Leitungen *a* und *b* (Fig. 46) angeschlossen. Die Stromzuführung und Verteilung muß so eingerichtet sein, daß an den Abzweigstellen für die Lampen möglichst gleichbleibende Spannung besteht.

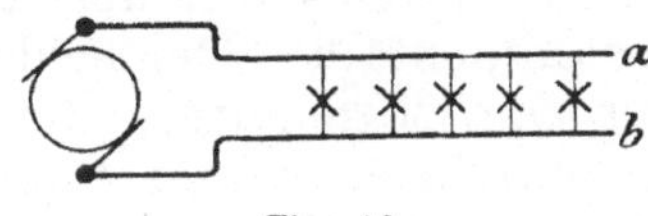

Fig. 46.

Das Leitungsnetz (Fig. 47), wie es für die Stromverteilung der Elektrizitätswerke dient, kann durch eine

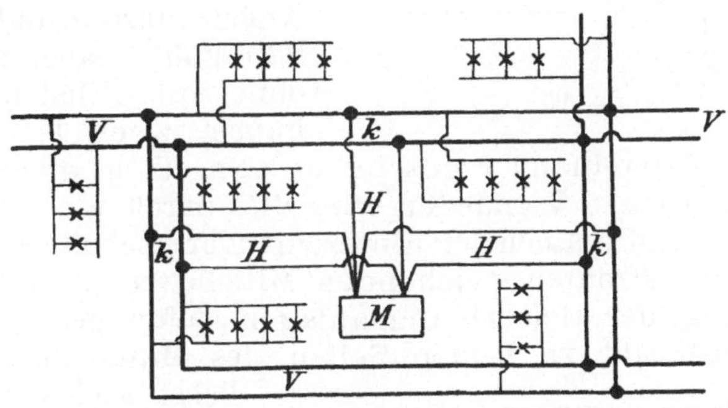

Fig. 47.

Verästelung der in Fig. 46 mit *a* und *b* bezeichneten Leitungen entstanden gedacht werden. Die sog. Verteilungsleitungen *V*, werden von der Maschinenanlage *M* aus derart mit Strom versorgt, daß die Spannung im Verteilungsnetz möglichst unverändert bleibt, gleichgültig, ob viele oder wenige Lampen eingeschaltet sind. Dies wird erreicht, indem man die Stromzuführung in den Speiseleitungen *H* derart regelt, daß an den Enden der Speiseleitungen bei *k* stets gleiche Spannung herrscht. An das Stromverteilungsnetz werden die Beleuchtungs- und Kraftanlagen, also die in die Häuser der Stromabnehmer einmündenden Leitungen angeschlossen.

Zweileitersysteme kommen mit 110 und 220 Volt Leitungsspannung in Anwendung.

b) Dreileitersystem. In diesem durch Fig. 48 dargestellten Leitungssystem sind zwei Zweileitersysteme derart hintereinander geschaltet, daß die Hinleitung des einen Systems mit der Rückleitung des anderen Systems zusammenfällt. Der beiden Systemen gemeinsame Leiter *c*, der sog. Mittelleiter, führt die Differenz der in den beiden Außenleitern *a* und *b* fließenden Ströme, dient also zum Stromausgleich zwischen den Zweileitersystemen. Die Maschinen *A* und *B* sind hintereinander geschaltet. Haben diese rd. 110 Volt Spannung, so beträgt die Spannung zwischen den Außenleitern *a* und *b* rd. 220 Volt. Dabei müßten ohne die Hilfsleitung *c* immer zwei 110 Volt-Lampen hintereinander geschaltet sein, d. h. gleichzeitig benutzt werden. Vermieden wird dies durch den Anschluß der mittleren Klemmen der hintereinandergeschalteten Lampen an den stromausgleichenden Mittelleiter *c*. Wird bei Ausführung der Beleuchtungsanlagen dafür gesorgt, daß die Lampenzahl zu beiden Seiten des Mittelleiters möglichst gleich ist, so wird derselbe nur von dem Stromunterschied durchflossen werden, welcher dadurch entsteht, daß bald auf der einen und bald auf der anderen Seite eine größere Lampenzahl eingeschaltet ist.

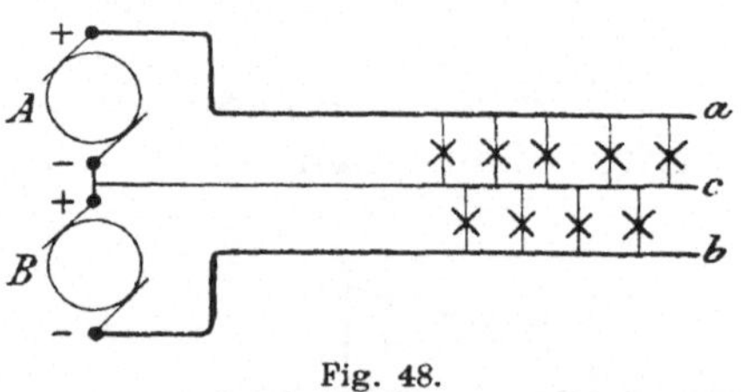

Fig. 48.

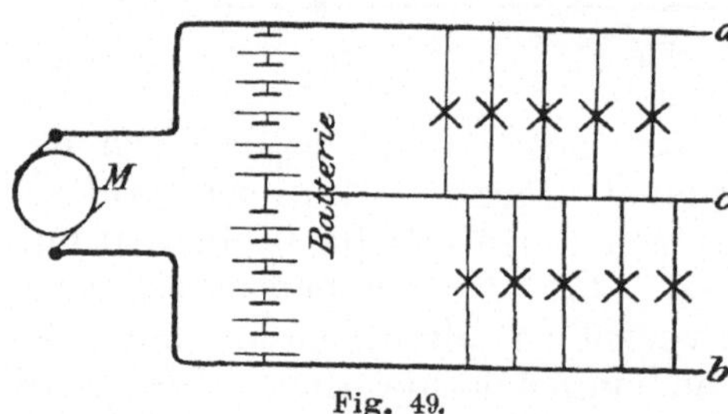

Fig. 49.

Kommen für das besprochene Leitungssystem Akkumulatoren in Anwendung, so wird der Stromausgleich im Mittelleiter in der Regel diesen überlassen, indem man den Mittelleiter, wie Fig. 49 zeigt, an die Batteriemitte anschließt. Statt zwei hintereinandergeschalteter Maschinen *A* und *B* (Fig. 48) ist dann nur eine Maschine *M* (Fig. 49) für die doppelte Spannung notwendig, von deren Klemmen die Außenleiter *a* und *b* abgezweigt sind.

Infolge der beim Dreileitersystem im Vergleich zum Zweileitersystem bestehenden doppelt so hohen Spannung sind geringere Leitungsquerschnitte erforderlich. Das Dreileitersystem ist daher für ausgedehntere Stromversorgungsnetze billiger. Die Grenze für die Anwendung des einen oder anderen Systems ist im einzelnen Fall durch Rechnung zu ermitteln.

Je nach der Ausdehnung des Stromversorgungsgebiets kommt das Dreileitersystem mit 2 · 110 oder 2 · 220 Volt Leitungsspannung zur Ausführung.

c) D r e h s t r o m s y s t e m. Hier sind ebenfalls drei Leitungen vorhanden, die im Gegensatz zum Dreileiter-

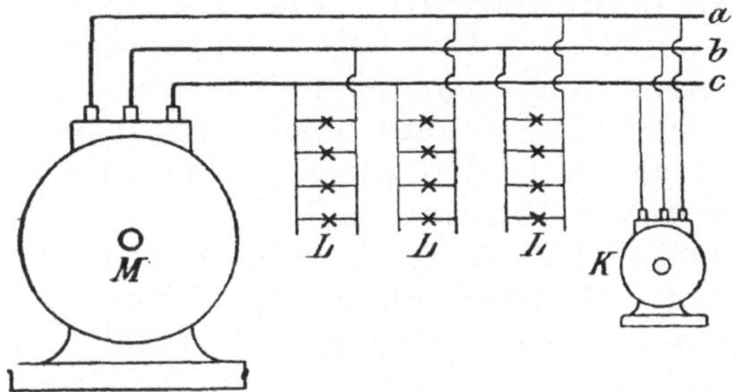

Fig. 50.

system (vgl. *b*) gleichwertig sind. Die Lampen, in Fig. 50 mit *L* bezeichnet, werden abwechselnd an zwei der von der stromerzeugenden Maschine *M* ausgehenden Leitungen derart angeschlossen, daß die Belastung der drei Leitungen *a b c* möglichst gleichbleibt. Die Motoren *K* erhalten Anschluß an alle drei Leitungen.

Beim D r e h s t r o m s y s t e m m i t v i e r L e i t u n g e n erfolgt die Stromverteilung unter ähnlichen Bedingungen.

107. Leitungsquerschnitt. Die für die Bestimmung der Leitungsquerschnitte maßgebenden Grundsätze werden nachstehend kurz erläutert, ohne auf die dem Fachmann zu überlassende Leitungsberechnung einzugehen.

Die Bestimmung des Leitungsquerschnittes ist abhängig von der Strombelastung und der zu verlangenden Festigkeit des Drahtes sowie von dem zulässigen Spannungsverlust.

Die Strombelastung wird durch die vom Strom im Draht hervorgerufene Erwärmung begrenzt. Die Drahtquerschnitte müssen so gewählt werden, daß eine merkliche Erwärmung ausgeschlossen ist.

Die Festigkeit der Leitung kommt insbesondere bei den auf größere Abstände frei gespannten Leitungen, den sog. Freileitungen, in Frage.

Durch die Forderung, daß der Spannungsverlust in den Leitungen zur Vermeidung eines ungleichen Brennens der Lampen eine bestimmte Grenze nicht übersteigen darf, sind für die Stromverteilungsleitungen in der Regel größere Leitungsquerschnitte bedingt, als durch die Rücksicht auf Drahterwärmung.

108. Leitungsmaterial. Für die Fabrikation der elektrischen Leitungen sind die vom Verband Deutscher Elektrotechniker angenommenen Normalien für Leitungen maßgebend, so daß von verläßlichen Fabriken und Lieferanten unter den gleichen Bezeichnungen ungefähr gleichwertiges Material geliefert wird.

a) Blanke Leitungen sind nur im Freien und in feuersicheren Räumen ohne brennbaren Inhalt, wenn die Leitungen vor Beschädigung und zufälliger Berührung gesichert sind, ferner in den nur instruiertem Personal zugänglichen elektrischen Betriebsräumen zulässig. Die Anwendung blanker Leitungen im Innern der Gebäude kommt, abgesehen von elektrischen Betriebsräumen und blanken Kontaktleitungen für Kräne u. dgl., nur in Frage, wenn der Benutzung isolierter Leitungen Bedenken entgegenstehen. Dies ist der Fall beim Auftreten von Gasen und Dämpfen, welche auf die Leitungsisolierung zerstörend einwirken, z. B. in Akkumulatorenräumen, Gärkellern und chemischen Fabriken. In den letztbezeichneten Fällen werden die Leitungen mit einem säurebeständigen Anstrich, Emaillack, versehen oder mit dickflüssigen Fetten, Vaseline, überzogen. Erforderlichenfalls sind solche blanke Leitungen mit Schutzvorrichtungen gegen Berühren zu umgeben.

b) Isolierte Leitungen. Bei den isolierten Leitungen unterscheidet man Gummiband- und Gummiaderleitungen, ferner Gummiaderschnüre. Die Schnüre bestehen aus zwei oder mehreren leicht biegsamen Kupferseilchen, die für sich nach den gleichen Grundsätzen wie die Einzelleitungen als Gummiadern hergestellt werden; sie sind ohne gemeinsame Umhüllung miteinander verseilt oder von einer gemeinsamen isolierenden Hülle umgeben.

Die Gummibandleitungen besitzen neben den Umhüllungen aus isolierendem Faserstoff eine Umwickelung aus vulkanisiertem Paraband. Sie eignen sich nur zur festen Verlegung (nicht als bewegliche Leitungen) über dem Mauerputz in trockenen Räumen, und zwar bis zu Spannungen von 125 Volt. Die Anwendung dieses Materials wurde eingeschränkt, weil sich dasselbe wenig dauerhaft und gegen Feuchtigkeit nicht genügend isolierend erwiesen hat.

Die Gummiaderleitungen und -schnüre besitzen neben den verschiedenen Faserumhüllungen eine wasserdichte vulkanisierte Gummihülle. Diese Leitungen und Schnüre können in feuchten Räumen und für die einer größeren Beanspruchung unterworfenen beweglichen Stromzuführungen verwendet werden. Zu dieser Gruppe gehören auch die zum Einziehen in die engen Rohre der Beleuchtungskörper bestimmten Fassungsadern und die Pendelschnüre. Die letzteren sind wegen der Führung über die Rollen der Zugpendel besonders biegsam hergestellt und mit einer Tragschnur versehen. Die Tragschnur dient dazu, das Gewicht der Lampe aufzunehmen und die Kontaktverbindungen zwischen den Leitungsschnüren und der Anschlußstelle bzw. der Lampe vom Zuge zu entlasten.

Bei dem nicht großen Preisunterschied zwischen den besser isolierten Gummiaderleitungen und den Gummibandleitungen verdient das erstere Material tunlichste Bevorzugung. In älteren Anlagen sind vielfach Gummibandleitungen und -schnüre, teilweise sogar noch weniger verläßliche Materialien, an Stellen angewendet, woselbst nach den neueren Vorschriften des Verbandes Deutscher Elektrotechniker nur Gummiader zulässig ist. Wenn auch diese Vorschriften nicht rückwirkend sind, so veranlasse man doch überall dort, wo die Betriebssicherheit des älteren Leitungsmaterials nicht mehr über alle Zweifel erhaben ist, dessen Auswechselung durch Gummiaderleitungen bzw. -schnüre. Insbesondere gilt dies für die aus Gummibandschnüren hergestellten Anschlüsse transportabler Stromverbraucher. Da bewegliche Lampen- und Apparatanschlüsse, wenn sie schadhaft sind, eine große Feuersgefahr einschließen, so ist hier besondere Vorsicht geboten und für umgehenden Ersatz schadhaften Materials zu sorgen (vgl. 23).

c) Gepanzerte Leitungen und Schnüre bestehen aus einer oder mehreren Gummiaderleitungen bzw. -schnüren, die mit einer gemeinsamen Hülle und über dieser mit einer dichten Metallumklöppelung versehen sind. Dieselben sind in trockenen Räumen sowohl für festverlegte Leitungen wie für den Anschluß transportabler Lampen, Motoren usw. überall da zu empfehlen, wo eine besondere Gefahr für die Beschädigung der Leitungen vorliegt. Für feuchte Räume sowie für das Verlegen in den Mauerputz oder in die Erde sind diese Leitungen nicht geeignet.

d) Rohr- und Falzdrähte. Dieselben bestehen aus ein- oder mehrfachen Gummiaderleitungen, die mit einem den Isolierrohren ähnlichen Metallmantel umpreßt sind. Diese Drähte sind für das Verlegen auf die Mauer trockener Räume geeignet und bieten den Vorteil, daß sie erheblich dünner sind als Isolierrohr und daher weniger auffallend untergebracht werden können. Mit diesem Material lassen sich elektrische Leitungsanlagen selbst in besser ausgestatteten Räumen ohne Schwierigkeit ausführen, indem man die Leitungswege den Architekturlinien an Decken und Wänden anpaßt.

e) Kabel. Blanke Bleikabel bestehen aus einer oder mehreren Kupferseelen mit darüber liegenden starken Isolationsschichten und einem einfachen oder doppelten Bleimantel. Sie sind anwendbar, wenn sie gegen mechanische und chemische Beschädigungen geschützt sind.

Asphaltierte Kabel sind über dem vorbezeichneten Bleimantel mit asphaltiertem Faserstoff umwickelt. Sie müssen gegen mechanische Beschädigung ebenfalls geschützt werden.

Armierte asphaltierte Bleikabel haben außer der asphaltierten Umhüllung noch eine Eisenband- oder Drahtarmierung. Bei diesen Kabeln ist eine Verlegung ohne weiteren Schutz gegen mechanische Beschädigung offen oder in die Erde zulässig.

109. Kennfaden. Isolierte Leitungen, die den Normalien des Verbandes Deutscher Elektrotechniker entsprechen, werden von den meisten Fabriken mit einem in die Isolierung eingelegten Kennfaden versehen. Dieser Kennfaden ist im allgemeinen grellrot, nur für die nach den neuen Normalien hergestellten Gummiaderleitungen weiß. Ein ferner in die Isolierung eingelegter ein- oder mehrfarbiger Faden dient als Fabrikmarke.

Mit Kennfaden und Fabrikmarke versehene Leitungen geben Gewähr für die Güte des Materials. Es empfiehlt sich daher, bei Auftragserteilungen die Anwendung solchen Materials zu verlangen.

110. Isolier- und Befestigungsmaterial. Die Isolierung der Leitungen ist um so besser, je mehr dieselben frei in der Luft, d. h. ohne Berührung mit irgendwelchen Gegenständen, verlegt werden. Es müßte demnach die Zahl

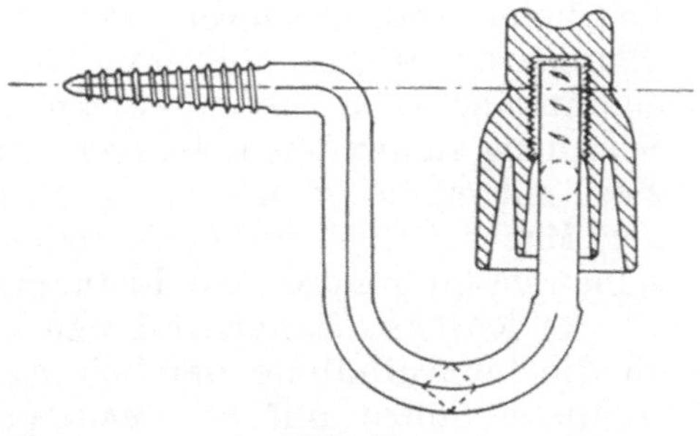

Fig. 51.

der Stützpunkte der auf Isolatoren verlegten Leitungen möglichst verringert werden. Da hierdurch andererseits die Dauerhaftigkeit der Leitungsführung leidet, so ist die Entfernung der Stützpunkte in den durch den praktischen Betrieb sich ergebenden Grenzen zu halten.

a) Isolierglocken. Für das Verlegen blanker Leitungen im allgemeinen und isolierter Leitungen in besonderen Fällen werden Doppelglockenisolatoren (vgl. Fig. 51) angewendet. Es sind dies aus Porzellan hergestellte Isolatoren, bei welchen die nach unten gekehrte doppelte Glocke, selbst wenn sich ihre Oberfläche mit Feuchtigkeit beschlägt, dem Stromübergang nach der Erde einen großen Widerstand entgegensetzt. Für hohe Spannungen, etwa über 2000 Volt, kommen Glocken mit mehreren Mänteln und größerem Abstand zwischen dem äußeren Porzellanmantel und der Isolierstütze in Anwendung.

b) Isolierrollen. Handelt es sich um nicht vollkommen trockene Räume, wie es für Keller in der Regel zutrifft, so kommt die Verlegung der Leitungen auf Isolierrollen in Frage. Im übrigen ist die im Vergleich zur Rohrverlegung besser isolierende Rollenverlegung überall dort anwendbar, wo eine Beschädigung der dabei freiliegenden Leitungen ausgeschlossen ist und das weniger gute Aussehen der Rollenverlegung nicht stört. In besser ausgestatteten Räumen vermeide man das Verlegen der Leitungen auf Rollen nicht nur wegen des unschönen Aussehens, sondern auch wegen der auf den Leitungen und in deren Nähe eintretenden Staubansammlung. Letzteres ist die Folge eigentümlicher Strahlungswirkung der unter Spannung stehenden Leitungen. Fig. 52 zeigt zwei mit einem gemeinsamen Eisendübel an der Mauer befestigte Isolierrollen, auf denselben festgebunden die Leitungsdrähte.

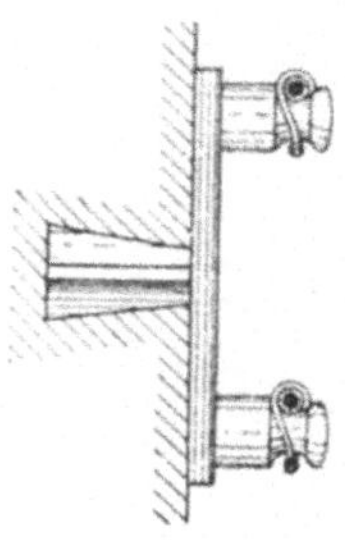
Fig. 52.

c) Rohre. Zunächst ist zu entscheiden, ob die für Aufnahme der Leitungsdrähte bestimmten Rohre auf den Mauerputz oder in denselben gelegt werden sollen.

Auf dem Mauerputz verlegte Rohre gewähren, abgesehen von der billigeren Verlegung, den Vorteil, daß die Leitungsanordnung leichter überwacht und geändert werden kann. Um die offen verlegten Rohre weniger sichtbar zu machen, legt man sie, soweit angängig, auf die Fensterseite der Räume, d. h. an weniger gut beleuchtete Stellen.

In den Mauerputz eingebettete und damit dem Auge entzogene Rohre sind für besser ausgestattete Räume vorzuziehen.

Für das Verlegen der Leitungen in einem fortlaufenden Rohrstrang ist erste Bedingung, daß die Rohre weit genug und derart angeordnet sind, daß die Leitungen nach dem fertigen Verlegen der Rohrstränge leicht eingezogen und ausgewechselt werden können. Von der Forderung des nachträglichen Einziehens der Leitungen in den fertigen Rohrstrang sollte nur ausnahmsweise abgesehen werden, wenn es sich bei einer Rohrverlegung auf dem Mauerputz um sehr starke Leitungen handelt, die sich infolge der geringen Biegsamkeit in einen längeren Rohrstrang schwer einziehen lassen. Für die Leitungsverlegung in Rohren kommen die nachstehend beschriebenen Isolierrohre und Metallrohre ohne isolierende Einlage in Anwendung. Innerhalb der Rohre dürfen Leitungsverbindungen nicht hergestellt werden, zum Zweck der Leitungsverbindungen werden Anschlußdosen in die Rohrstränge eingeschaltet.

1. Isolierrohre ohne Metallüberzug. Die hierfür in Frage kommenden Hartgummirohre gewähren keinen Schutz gegen mechanische Beschädigung der Leitungen. Sollen solche Rohre in die Mauer gelegt werden, so ist ein besonderer Schutz gegen deren Beschädigung durch einzuschlagende Nägel usw. anzuraten.

2. Isolierrohre mit dünnem Metallüberzug finden für offene Verlegung an Wänden und Decken ausgedehnteste Anwendung, da sie sich in wenig auffälliger Weise anordnen lassen und dabei einen in den meisten Fällen ausreichenden Leitungsschutz gewähren. Bei offener Verlegung müssen Steigleitungs-Rohre an der Austrittstelle aus dem Fußboden durch übergeschobene Eisenrohre, Holzverschalung od. dgl. vor Beschädigung geschützt werden. Für das Verlegen in trockene Mauern eignen sich die Rohre ohne weiteres, in nicht ganz trockene Mauern unter Beachtung entsprechender Vorsichtsmaßnahmen. Gegen in die Mauer eingeschlagene Nägel schützen sie die Leitungen nicht, erforderlichenfalls sind Schutzmaßnahmen zu treffen. Fig. 53 zeigt die Muffenverbindung eines mit Metallüberzug versehenen Isolierrohres zur Hälfte in der Ansicht und zur Hälfte im Schnitt. Die Muffe enthält in der Wulst *b* eine isolierende Einlage, in den Rillen *r* schmelzbaren Kitt, der nach dem Anwärmen der Muffe das Abdichten derselben bewirkt.

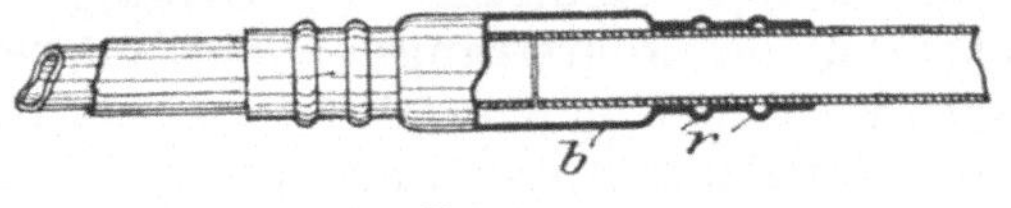

Fig. 53.

3. *Isolierrohre mit starker Eisenarmierung,* sog. *Stahlpanzerrohre,* gewähren sowohl isolierend wie mechanisch einen weitgehenden Leitungsschutz. Ihre Anwendung ist im Vergleich zu den übrigen Rohrverlegungen teuer und beschränkt sich daher auf mit besonderer Vorsicht auszuführende Installationen.

4. *Metallrohre ohne isolierende Einlage* gewähren einen guten Schutz der Leitungen gegen mechanische Beschädigung. Das hierfür vornehmlich in Frage kommende Stahlrohr „System Peschel" eignet sich bei Anwendung der Rohre mit Längsschlitz für offenes Verlegen und bei Anwendung der Rohre mit überfalztem Schlitz für Verlegen unter Putz. Derartige gut leitend miteinander verbundene Rohre können als geerdete Leiter benutzt werden. Wegen des Fehlens einer isolierenden Einlage dürfen in die Rohre nur Gummiaderleitungen und -schnüre eingezogen werden.

d) Leitungsführungen durch Wände und Decken können unter Benutzung genügend weiter Öffnungen in der im übrigen angewendeten Leitungsverlegung erfolgen. Solche Öffnungen sind nur zulässig, wenn nicht zu befürchten ist, daß sie zur Verbreitung eines entstandenen Schadenfeuers beitragen können, z. B. sind in Speichern übereinander angeordnete derartige Öffnungen grundsätzlich zu vermeiden. Es werden dann für die Leitungsdurchführungen genügend weite Porzellan- oder Hartgummirohre verwendet. Die Enden der in trockene

Räume einmündenden Rohre werden mit Tüllen aus feuersicherem Isoliermaterial versehen. Über Fußböden müssen die Rohre 10 cm vorstehen und gegen mechanische Beschädigung geschützt sein. Für die Leitungseinführungen in Gebäude und in feuchte Räume sind nach unten gekrümmte, gegen das Eindringen von Feuchtigkeit schützende Porzellantrichter (Fig. 54) oder entsprechende, gegen Oberflächenleitung schützende Einrichtungen erforderlich.

Fig. 54.

111. Leitungsverbindungen. Die Verbindungen der Leitungen untereinander müssen derart hergestellt sein, daß die Verbindungsstellen dem Stromübergang keinen höheren Widerstand entgegensetzen als die Leitungen selbst, und daß die Verbindungsstellen von Zug entlastet sind. Die Drahtenden werden zu diesem Zweck verlötet oder durch geeignete Klemmen verbunden.

Für die Leitungsverbindungen und -Abzweigungen bei fest verlegten Mehrfachleitungen werden Abzweigdosen verwendet, in denen die zur Leitungsverbindung dienenden Messingklemmen auf einem Porzellansockel montiert sind. Nur an und in Beleuchtungskörpern (Glühlichtkronen und dgl.) sind wegen des verfügbaren geringen Raumes Lötstellen auch bei Mehrfachleitungen nicht zu umgehen. Für den Anschluß transportabler Leitungen sind lösbare Kontakte (vgl. Fig. 40) oder ähnliche Vorrichtungen vorgeschrieben.

Ein einfaches Umeinanderwickeln der blanken Leitungsenden ohne Lötung ist, weil feuergefährlich, unstatthaft. Das Herstellen der Drahtverbindungen darf wegen der von der Verlässigkeit der Ausführung abhängigen Betriebssicherheit nur geschulten Arbeitern überlassen werden.

112. Fehler in den Leitungen. Die Fehler in den Leitungen bestehen in einer Unterbrechung der Leitungen oder in einem zufolge schadhafter Leitungsisolierung für den Strom sich bildenden Nebenweg, einem sog. Erd- oder Kurzschluß. Um Fehler rechtzeitig zu entdecken und umfangreiche Zerstörungen zu verhüten, ist zeitweise eine gründliche Untersuchung der Leitungen zu veranlassen (vgl. 21). Die wesentlichsten in Leitungsnetzen vorkommenden Fehler sind nachstehend aufgezählt:

a) Leitungsunterbrechung. Abgesehen von der durch ein Abschmelzen der Sicherungen oder durch anderweitige selbsttätige Apparate entstehenden Stromausschaltung werden Leitungsunterbrechungen durch mangelhafte Verbindung der Leitungen unter sich oder mit den Apparaten und Lampen, unter Umständen auch durch Drahtbruch herbeigeführt. Häufiger als vollständige Unterbrechungen sind mangelhafte Leitungsverbindungen. Durch den an solchen Stellen entstehenden hohen Leitungswiderstand und die dadurch bedingte Erwärmung der Verbindungsstellen kann ein dunkles Brennen der Lampen und, falls die Verbindungsstellen Erschütterungen ausgesetzt sind, ein Zucken des Lichtes verursacht werden. Wegen der durch die Erwärmung mangelhafter Verbindungsstellen möglichen Feuersgefahr ist umgehend für Abhilfe zu sorgen.

An feuchten Stellen kann eine elektrolytische Zerstörung der Kupferdrähte vorkommen, so daß der nach und nach dünner werdende Draht schließlich abbricht. Erfolgt der Drahtbruch bei geschlossenem Stromkreis, d. h. bei eingeschalteten Lampen, so entsteht an der Unterbrechungsstelle ein Lichtbogen, durch welchen eine Entzündung benachbarter brennbarer Gegenstände möglich ist.

b) Erdschluß. Unter Erdschluß versteht man eine durch Isolationsfehler entstandene Verbindung der Leitungen mit der Erde, d. h. mit der feuchten Mauer, einem Gas- oder Wasserrohr oder dgl. Entsteht bei x (Fig. 55) eine leitende Verbindung zwischen der Zweigleitung $a'\,x$ und einem Gasrohr, so erfolgt ein Stromausgleich zwischen den beiden Leitungspolen durch die Erde, sobald im anderen Leitungspol ebenfalls Erdschluß vorhanden ist.

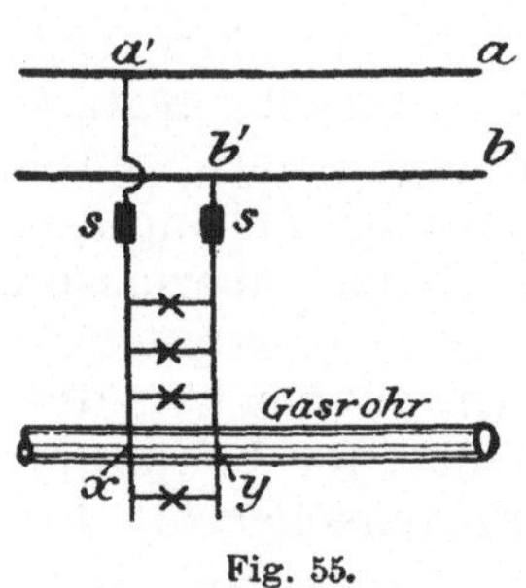

Fig. 55.

c) Kurzschluß. Kurzschluß entsteht durch die unmittelbare Berührung von zwei, verschiedenen Polen angehörigen Leitungen oder durch eine anderweitige gut leitende Verbindung derselben. Letzteres tritt ein, wenn die Kupferseelen der beiden Zweigleitungen $a' x$ und $b' y$ (Fig. 55) bei x und y ein Gasrohr berühren. Es entsteht dann ein gutleitender (kurzer) Stromweg durch die zwischen die Leitungen geschaltete Rohrstrecke $x y$, wobei der die Leitungen durchfließende starke Strom durch Abschmelzen der Sicherungen s (vgl. 94) selbsttätig unterbrochen wird. Fehlen die Sicherungen oder sind sie zu stark, so können die betreffenden Leitungen glühend werden.

Vorsichtsmaßregeln.

113. Gefahr durch die Höhe der Spannung. Die Höhe der für den Menschen gefährlichen Spannung ist von der Körperbeschaffenheit des einzelnen und von der mehr oder weniger isolierenden Bekleidung, namentlich der Fußbekleidung, so sehr abhängig, daß bestimmte Grenzen für die Höhe der gefährlichen Spannung nicht angegeben werden können. Personen, die an feuchten Händen und Füßen leiden, sind für die Stromwirkung besonders empfindlich.

Die Spannungen, unter denen die in die Gebäude eingeführten Leitungen gegen Erde stehen, 110 bis höchstens 250 Volt, sind für den menschlichen Körper nicht gerade als gefährlich anzusehen. Je nach Umständen kann aber ein Berühren von Stromleitungen, die Spannungen auch nur bis zu bezeichneter Höhe führen, schadenbringend sein und ist daher tunlichst zu vermeiden. Einem unbeabsichtigten Berühren von Stromleitungen wird durch isolierende Umhüllung aller Leiterteile vorgebeugt. So sind Glühlampenfassnngen, die ein Berühren der Kontaktteile des Lampensockels zulassen, nicht statthaft, ebensowenig Schalter mit frei liegenden Kontakten, oder Anschlußstecker, deren Kontaktbolzen beim Herstellen des Anschlusses nicht abgedeckt sind. Ausnahmen in bezeichneter

Richtung bestehen für Betriebsräume, wenn sie nur geschultem Personal zugänglich sind.

114. Für Unberufene verschlossene Räume. Alle Schalt-, Transformatorenräume usw., die Hochspannung führende Teile enthalten, müssen für unberufene Personen verschlossen gehalten werden. Selbst in Begleitung Sachverständiger sollte Unberufenen das Betreten solcher Räume nicht gestattet werden.

115. Hilfeleistung bei Unglücksfällen durch Stromwirkung. Handelt es sich um einen Verunglückten, der noch mit den Leitungsdrähten in Verbindung steht, so ist für den nicht Fachkundigen ein Eingreifen nur ratsam, wenn nicht infolge zu hoher Spannung der Hilfeleistende selbst zu sehr gefährdet wird. Bei Hochspannungsanlagen, die durch den roten Blitzpfeil ↯ an den Leitungstragstangen, Apparaten usw. in der Regel gekennzeichnet sind, begnüge man sich damit, die Betriebsleitnng umgehend zu verständigen und einen Arzt herbeizurufen.

In Wechselstrombetrieben hat das Berühren der Leitungsdrähte einen krampfartigen Zustand zur Folge, so daß ein Loslassen der Drähte unmöglich gemacht wird. Der Verunglückte muß dabei möglichst rasch von den Leitungen entfernt werden, oder die Leitungen sind spannungslos zu machen.

Um die Leitungen spannungslos zu machen, benutzt man, wenn angängig, den nächsten Schalter oder man nimmt die Sicherungen für die betreffenden Leitungen heraus. Im Notfall versuche man die Leitungen mittels eines Beiles, das einen trockenen Holzstiel haben muß, zu durchschlagen oder mit einem über die Leitungen geworfenen trockenen Seil zu zerreißen. Das Seil muß so lang sein, daß man von der abfallenden Leitung nicht getroffen werden kann. Stehen Gummihandschuhe zur Verfügung, so legt man diese zur Hilfeleistung an, andernfalls stellt man sich auf trockene Bretter oder Kleidungsstücke. Streng vermeide der Helfende eine Berührung von Metallteilen.

Berührt der Verunglückte nur einen Leitungspol, so kann unter Umständen dadurch geholfen werden, daß man den Verunglückten von der Erde aufhebt und so den durch seinen Körper nach der Erde fließenden Strom unterbricht. Dabei ist der Verunglückte an den Kleidern, nicht an unbekleideten Körperteilen zu fassen. Hält der Verunglückte einen Leitungsdraht oder dgl. krampfhaft mit der Hand, und ist die vorbezeichnete Maßnahme undurchführbar oder unwirksam, so lege man wenn tunlich Gummihandschuhe an, um die Finger des Verunglückten von den Leitungsdrähten abzubringen.

116. Behandlung Bewußtloser. Ist der von einem elektrischen Schlag Getroffene scheinbar leblos, so schicke man ungesäumt nach einem Arzt und schlage bis zu dessen Ankunft das nachstehend beschriebene Verfahren ein:

a) Der Raum, in dem sich der Verunglückte befindet, ist gut zu lüften.

b) Alle den Körper des Verunglückten beengenden Kleidungsstücke, Hemdkragen, Gürtel usw., sind zu öffnen.

c) Man legt den Verunglückten auf den Rücken und bringt ein Polster etwa aus zusammengefalteten Kleidungsstücken unter seine Schultern und den Kopf, so daß der letztere etwas niedriger liegt. Ist die Atmung regelmäßig, so lasse man den Verunglückten unter Bewachung ruhig liegen.

d) Ist keine oder nur sehr schwache Atmung nachweisbar, so öffnet man zunächst den Mund des Verunglückten, erforderlichenfalls mit Hilfe eines Holzes oder Messergriffs, um in demselben etwa befindliche Fremdkörper, als Kautabak oder künstliches Gebiß, zu beseitigen.

c) Zur Einleitung künstlicher Atmung kniet man dann hinter dem Kopfe des Verunglückten nieder, das Gesicht demselben zugewandt, ergreift die Arme unterhalb der Ellbogen und zieht sie im Bogen über den Kopf, so daß sie beinahe zusammenkommen. In dieser Stellung werden die Arme 2—3 Sekunden lang gehalten (Ausdehnung des Brustkastens, Eintritt der Luft), dann führt man die Arme auf demselben Wege wieder zurück und drückt sie kräftig gegen die Seiten des Brustkastens (Austreiben der Luft aus der Lunge). Dies wird ungefähr 15 mal in der Minute wiederholt und regelmäßig ohne Übereilung mindestens

2 Stunden lang fortgesetzt, falls die Atmung nicht früher wiederkehrt.

Ferner versetzt man dem Verunglückten zeitweise einige Schläge mit dem Ballen der Hand gegen die linke Brustseite, etwa 5 cm unter der Brustwarze. Die hierdurch bewirkte Erschütterung der Brust bezweckt Anregung der Herztätigkeit.

f) Steht ein zweiter Helfer zur Verfügung, so erfaßt dieser die Zunge mit einem Taschentuch und zieht sie kräftig heraus, so oft die Arme über den Kopf gezogen werden, und läßt sie wieder zurückgehen, wenn die Brust zusammengedrückt wird.

g) Empfehlenswert ist es, die Unterschenkel und Füße des Verunglückten von Zeit zu Zeit mit einem rauhen, warmen Tuch oder mit einer Bürste abzureiben.

h) Nach Wiederkehr des Bewußtseins lasse man den Verunglückten in liegender oder halbliegender Stellung unter Bewachung. Bevor das Bewußtsein vollständig wiedergekehrt ist, dürfen dem Verunglückten Getränke nicht eingeflößt werden.